# 과학
# 이야기

the Story of Science

옮긴이 **서울과학교사모임**

학교에서 아이들을 가르치면서 연구와 소통의 필요성을 느끼던 교사들이 1986년부터 물리, 화학, 지구과학, 생물 등 개별 교과 모임을 만들면서 '과학교사모임'이 시작되었다. 이후 각 영역을 통합하여 1991년부터는 '전국과학교사모임'으로 운영하고 있고, 이 책을 옮긴 '서울과학교사모임'도 그 중의 하나이다. 서울과학교사모임은 쉽고 재미있으면서 탐구하는 수업을 위해 전방위적으로 활동하고 있다. 가장 중점을 두고 있는 활동은 교과서 내용의 재구성을 통한 학습자료, 도구, 방법에 관한 연구이다. 1년간 하나의 방향을 정해 연구하고, 그 결과를 연말에 책이나 자료집으로 정리하여 그 연구 성과를 공유하고 있다. 지은 책으로는 《묻고 답하는 과학톡톡카페》 1, 2권과 《숨은과학》 1~3권, 《시크릿스페이스》 등이 있다.

강옥경, 곽효길, 남미란, 문지의, 박성은, 유주민, 이화정, 임병욱, 조영선, 조태숙, 최승호, 한송희, 홍제남 선생님 공역

The Story of Science
Text Jack Challoner, Project Editor Scott Forbes, Designer Mark Thacker, Big Cat Design, Illustrator Dave Smith, Production Director Todd Rechner, Production and Prepress Controller Mike Crowton Copyright © 2012 Red Lemon Press Limited All rights reserved.

Korean translation copyright © *한국어판 출판연도 Kwangmoonkag Publishing Co. Korean translation rights arranged with Red Lemon Press Limited through The ChoiceMaker Korea Co.

이 책의 한국어판 저작권은 초이스메이커코리아를 통해 Red Lemon Press Limited와의 독점 계약으로 광문각에 있습니다. 신저작권법에 의해 한국 내에서 보호를 받는 저작물이므로 무단전재와 무단복제를 금합니다.

# 과학이야기

| | | | |
|---|---|---|---|
| 초판 1쇄 인쇄 | 2014년 3월 24일 | | |
| 초판 1쇄 발행 | 2014년 3월 28일 | | |

| | | | |
|---|---|---|---|
| 저자 | Jack Challoner | | |
| 옮긴이 | 서울과학교사모임 | | |
| 펴낸이 | 박정태 | | |
| 편집이사 | 이명수 | 감수교정 | 정하경 |
| 책임편집 | 위가연 | 편집부 | 전수봉, 김안나 |
| 마케팅 | 조화묵 | 온라인마케팅 | 박용대, 김찬영 |
| 펴낸곳 | 북스타 | | |
| 출판등록 | 2006.09.08 제 313-2006-000198호 | | |
| 주소 | 파주시 파주출판문화도시 광인사길 161 광문각 B/D | | |
| 전화 | 031-955-8787 | | |
| 팩스 | 031-955-3730 | | |
| E-mail | kwangmk7@hanmail.net | | |
| 홈페이지 | www.kwangmoonkag.co.kr | | |
| ISBN | 978-89-97383-28-3 43400 | | |
| 가격 | 15,000원 | | |

 | **BOOK STAR** |  | 한국과학기술출판협회회원 KSPA

이책은 무단전재 또는 복제행위는 저작권법 제 97조 5항에 의거 5년이하의 징역 또는 5,000만 원 이하의 벌금에 처하게 됩니다.

잘못된 책은 구입한 서점에서 바꾸어 드립니다.

# 과학

삽화와 사진으로 배우는
과학의 역사

# 이야기

the Story of Science

Jack Challoner 저, 서울과학교사모임 역

BOOK STAR

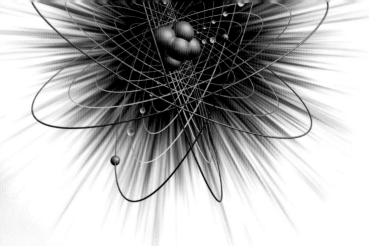

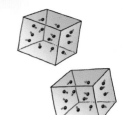

# Contents

# 들어가는 글

만물은 무엇으로 만들어졌을까?

생물은 어떻게 성장하고 번식할까?

우주의 나이는? 산은 왜 생겼을까?

어떤 것들은 다른 것들보다 왜 더 뜨거울까? 왜 병에 걸리는 걸까?

이와 같은 질문들은 과학의 핵심이다.

**호기심** - 우리 주변의 세상에 대해 궁금해하고 설명하려고 노력하는 것 - 은 인간성의 일부이다. 그러면 아마도 여러분은 과학이 인류만큼이나 오래되었다고 생각할 수도 있다. 그러나 과학은 호기심 이상의 것을 필요로 한다 : 과학은 실험을 통해, 세상이 어떻게 돌아가는지에 대한 생각을 검증하고, 실험 가설이 틀린 것으로 증명되면 설명을 받아들이지 않는다. 인류는 겨우 몇백 년 전에야 이러한 과학적 탐구를 시작했다.

고대 문명에서도 어려운 문제를 고민하고 설명을 찾아낸 위대한 사상가들이 몇 명 있었다. 그러나 그들은 자신들의 생각을 검증하지 않았다. 그래서 우리의 과학 이야기는 그때부터 시작되지 않는다. 고대의 설명들, 특히 고대 그리스의 설명들은 많은 세대에 걸쳐 전해져 내려왔고, 대부분 사실로 받아들여졌다. 그러나 유럽에서 16세기와 17세기에 사람들은 이 오래된 사상들을 의심하기 시작했고, 또 곧 검증대에 올려놓기 시작했다.

이제 400년이 지난 지금, 우리는 이 문제들에 대해 훌륭하고, 잘 검증된 답을 가지고 있고, 그 외에 다른 문제들에 대한 답들도 많이 가지고 있다. 물론 각 답에는 더 많은 질문이 따른다 - 그러나 그것이 즐거움이다. 과학은 결코 끝나지 않는 진리를 향한 여정이다. 그리고 과학자들이 그 길에서 얻은 지식은 좋게도, 나쁘게도 이용될 수 있다.

과학의 역사는 이 작은 책에 모두 담기에는 너무 많다. 과학 이야기는 축구 경기의 하이라이트와 같다 - 주요 사건에 초점을 맞추고 해설과 함께 그것들을 짜 맞춘다. 그러나 축구의 하이라이트가 90분 동안의 활동을 몇 분의 짧은 영상으로 압축하는 데 비해, 이 책은 500년 동안의 사람들의 영감과 각고의 노력을 27개의 에피소드로 압축했다.

## 시작하기 전에…

이 책에 언급된 과학자 대부분은 백인 남성들이다. 이것은 여성이나 다른 인종의 사람들이 덜 영리하거나 덜 중요해서가 아니다. 그것은 단지 우리 이야기의 대부분이 유럽과 미국에서 일어났기 때문이다. 오늘날에는 많은 여성 과학자들과 백인이 아닌 과학자들이 전 세계에서 놀라운 발견들을 하고 있다. 결국, 과학은 모든 사람을 위한 것이다.

숫자가 매겨진 '세기'는 항상 그 숫자에 이르는 100년을 말한다. 예를 들어 만약 어떤 일이 '16세기에' 일어났다고 하면 그것은 1501년에서 1600년 사이에 일어났다는 것을 의미한다.

# 지구가 움직인다!

## 우주에서 지구의 위치를 알아보자

**함께 탐구할 과학자들**

**니콜라스 코페르니쿠스** : 지구가 태양 주위를 돌고 있는 것을 알아냄
**요하네스 케플러** : 행성들의 이동 경로 발견
**갈릴레오 갈릴레이** : 망원경으로 천체 관찰

**해**와 달 그리고 별들은 매일 떠올라 하늘을 가로질러 가서, 진다. 지구의 표면에서 관찰해 보면 천체들이 커다란 원을 그리며 움직이는 것처럼 보이며, 우리는 가만히 멈춰 있는 것처럼 느껴진다. 뛰어난 과학적인 성과 중의 하나는 이런 생각이 잘못되었다는 것을 증명한 것과, 우리들이 평범한 감각으로 보는 것들이 항상 맞지는 않는다는 것을 보여줬다.

여러 해 동안 밤하늘을 관찰해 보면, 별들이 같은 패턴을 유지한다는 것을 알게 될 것이다. 이것은 마치 커다란 유리 표면 위에 고정된 별들이 우리들 주변을 하루에 한 번씩 도는 것과 같다. 그러나 며칠 밤만 주의깊게 지켜보면 고정된 별(항성)들과 비교해서 몇 개 지점의 별빛의 위치가 변했다는 사실을 알 수 있다. 이것들은 행성들이다.('행성'은 그리스어로 '방랑자들'에서 온 것임)

### 프톨레마이오스 체계

고대인들은 다섯 개의 행성을 알고 있었다: 수성, 금성, 화성, 목성, 그리고 토성이다. 고대 그리스의 철학자들은 행성들 - 그리고 달과 태양도 각자 구별된 투명한 구의 표면에 고정되어 지구를 중심에 두고 서로 다른 속도로 지구 주변을 돈다고 주장했다.

그러나 행성들의 운동은 앞으로 똑바로 가는 직선운동이 아니었다. 그래서 그들은 이런 운동의 설명에 어려움을 느꼈다. 행성들은 속도가 변하면서 하늘을 가로질러 갔으며 때로는 수 주 동안 운동 방향이 반대로 바뀌기도 했다.

프톨레마이오스가 자신의 천체 모형을 자랑하고 있다. ㅡ 지구가 중심에 있다.

그리스 사람들은 우주의 중심에 지구가 움직이지 않고 있다고 생각하고, 이런 운동을 설명하는 복잡한 체계를 내놓았다. 2세기에 프톨레마이오스는 자신의 천문학 저서인 《알마게스트, Almagest》에서 이에 대하여 설명했다. 이 체계는 태양, 달, 그리고 행성들의 위치를 합리적으로 예측하는 데 이용되었다. 중세 시대 유럽에서 가톨릭교회들은 이것이 마치 절대적인 진리인 것처럼 조장했다 - 성경에서도 지구가 움직이는 것이 아니라 태양이 움직인다(천동설)고 시사한다.

1600년 경 책에 수록된 코페르니쿠스 체계 - 태양이 중심에 있다.

## 태양이 우주의 중심에

16세기 초, 몇몇 학자들이 전통적인 생각에 대하여 의문을 품고 있을 때, 폴란드의 천문학자인 니콜라우스 코페르니쿠스는 프톨레마이오스의 천동설을 대체하는 이론을 생각했다. 그는 지구는 팽이처럼 돌면서 태양 주변을 돌고 있는 개별적인 행성 중의 하나라는 주장을 내놓았다. 즉 지구가 우주의 중심이 아니었다는 말이다.

사람들은 이런 주장을 이전에, 심지어는 고대 그리스 시대에도 했었으나, 이 생각은 늘 거부되었다.

케플러와 동료 천문학자 티코브라헤(앉아 있는 사람). 이 그림으로는 알기 어렵지만, 티코 브라헤는 결투 중에 코를 잃어서 금속으로 만든 코를 가졌다.

코페르니쿠스는 《천구의 회전에 관하여》라는 책에서 이 생각을 설명했다. 논쟁이 일어날 것을 우려하여 그는 1543년까지 약 20년간 출판을 늦추었다. 전설같은 이야기로는, 그는 죽는 날 첫 인쇄본을 마침내 보게 되었다고 한다.

## 행성들의 경로

가톨릭교회는 코페르니쿠스의 책을 비난하였으며 유통되지 못하게 했다. 그러나 유럽 전역에서 마음이 열려 있는 사람들이 그의 책을 읽었으며, 코페르니쿠스의 태양 중심 체계(지동설)가 프톨레마이오스의 지구 중심 체계(천동설)보다 진리에 더 가깝다는 것을 이해하게 되었다. 그들 중의 한 사람이 독일의 수학자이자 천문학자인 케플러였다.

갈릴레오 망원경의 정밀한 복제품. 그는 이것을 통해 밤하늘을 바라보았으며, 그 결과 우주에 대한 이해를 바꾸어놓았다.

# 망원경 (telescope)

**17세기 초 천문학자들은** 망원경의 발명으로 말미암아 많은 혜택을 받게 되었다(망원경의 어원은 '멀리까지'를 뜻하는 그리스어 'tele'와 '보다'를 뜻하는 'skopein'으로부터 왔다). 최초로 망원경을 만든 사람들은 1600년경 네덜란드의 안경 제작자들이었다. 그들이 만든 망원경은 두 개의 렌즈를 결합하여 맨눈으로 볼 때보다 물체를 3배 더 크게 볼 수 있었다. 이탈리아의 수학자인 갈릴레오 갈릴레이는 1609년 새로운 발명품에 관해 배운 뒤 자신의 '네델란드식 망원경'을 만들었다. 그리고 20배 정도까지 확대해서 볼 수 있도록 개량했다.

1600년 케플러는 덴마크의 천문학자인 티코 브라헤의 조수로 일하게 되었다. 그는 티코 부라헤가 수집해 놓은 행성들의 운동에 대한 상세한 기록을 접할 수 있었다. 케플러는 이런 행성의 운동을 행성들이 커다란 원 궤도로 태양 주변을 돌고 있다는 코페르니쿠스의 생각과 조화될 수 있게 시도하였다. 그러나 4년 동안이나 고심하고 복잡한 계산을 했음에도 불구하고 그는 밝혀낼 수 없었다.

1605년 그는 우연히 새로운 생각이 떠올랐다. 그 이전엔 아무도 고려하지 않았던 것으로, 행성들의 공전궤도가 완벽한 원이 아닐 것이라는 생각이었다. 결국, 자신의 관찰 결과에 따르면 행성들의 궤도는 타원 또는 타원에 가까운 모양을 가질 수밖에 없었다. 그리고 그가 그런 실험을 해 보자 모든 것이 딱 맞아떨어졌다. 케플러가 행성들의 궤도가 타원형이라는 것을 천문학

갈릴레오가 지은 《별들의 사자 (The Starry Messenger, 1610년)》란 책에 그린 그림

자들 앞에서 보여주자, 천문학자들은 어느때 어느 행성이라도 그 위치를 놀라울 정도로 정확하게 예측할 수 있다는 것을 알게 되었다.

## 관찰자의 시선

1609년, 갈릴레오 갈릴레이는 밤하늘을 망원경으로 관찰한 최초의 사람들 중 한 명이다. 그는 달에 있는 산이나 크레이터를 보고 매우 경탄했다. 그리고 그는 지구가 중심이 아니라 태양이 중심이라는 것을 지지할 수 있는 많은 증거들을 발견했다. 우주에는, 수성이나 금성도 달처럼 위상 변화를 하며 또 목성 주변에는 목성을 중심으로 돌고 있는 4개의 위성이 있다는 것이다. 많은 사람은 이런 사실에 주목하고 동의했다.

그러나 또 다른 많은 사람은 지구가 중심이라는 생각에 여전히 사로잡혀 있었다. 특히 로마의 가톨릭교회는 여전히 새로운 이론에 반대했다. 1620년대 내내 갈릴레오는 교회 지도자들의 마음을 바꾸기 위해 설득했다. 그러나 그의 몇 가지 발상이 교회의 전통적인 사고를 터무니없는 것으로 취급하는 것처럼 보이자, 교회는 이를 모욕적으로 받아들였다. 1633년 가톨릭 당국은 갈릴레오를 이교도라고 잡아들여 연구를 계속할 수 없도록 연금했고 그의 책은 금서가 되었다. 그럼에도 불구하고 서서히 점차 더 많은 사람이 지구가 태양주변을 돌고 있다는 것과 더는 우주의 중심이 아니라는 사실을 받아들였다.

한 추기경이 갈릴레오의 그림을 보고 있고, 또 다른 추기경은 망원경을 확인하고 있다.

# 진공의 발견

## 진공의 존재를 증명해 보자

**함께 탐구할 과학자들**  **에반젤리스타 토리첼리** : 기압계 발명자

**오토 폰 게리케** : 진공 실험

**로버트 보일, 로버트 훅** : 개량된 진공 펌프

공간에 대한 새로운 생각들은 독일의 과학자이자 정치가인 오토 폰 게리케를 포함하여 많은 사람을 고무시켰다. 게리케는 행성들과 별들 사이에 있는 것에 특별히 관심이 많았다. 만약 공기가 있다면, 그 공기 때문에 궤도를 도는 행성의 속도가 느려지지 않을까? 거기에 아무것도 없을 수 있을까? 새로운 연구 정신으로 게리케는 빈 공간을 만든 일에 착수했다.

게리케가 학생이었을 때, 그는 '공허' 즉 무(無)는 존재할 수 없다고 주장한 고대 그리스의 철학자 아리스토텔레스의 사상을 배웠다. 물이나 공기가 어떤 빈 곳이라도 재빨리 채워버리는 것을 보고 사람들은 아리스토텔레스의 생각이 옳다고 여겼다. 그러나 1643년, 이탈리아의 과학자 토리첼리가 했던 실험은 아리스토텔레스가 틀릴 수도 있다는 것을 암시해 주었다.

수은
- 상온에서 액체상태

오토 폰 게리케

프랑스의 과학자 파스칼은 토리첼리의 기압계를 가지고 산 위로 갔다. 파스칼이 예측한 대로 높은 곳에서는 누르는 공기가 적기 때문에 수은기둥이 낮아졌다.

### 공간의 창조

토리첼리는 공기의 압력을 연구하였다. 그는 바닥이 막혀 있는 긴 유리관에 수은을 붓고, 뚫려 있는 쪽이 아래로 가도록 거꾸로 뒤집어 수은이 들어 있는 오목한 큰 접시 위에 세웠다. 그러자 관 속의 수은이 조금 흘러내려 와 접시로 나왔고, 관 위쪽에는 공기가 없는 공간, 진공이 생겼다.

1647년, 토리첼리의 실험에서 영감을 얻은 게리케는 휴대용 펌프로 용기 안의 공기를 빼내어 (부분) 진공을 만들었다. 게리케는 펌프를 개량하여 진공을 이용한 다른 실험들을 하였다. 그는 빛과 자기력은 진공을 통과할 수 있지만 소리는 통과할 수 없다는 것을 증명했다.

### 진공의 힘

1654년, 게리케는 고향인 마그데부르크에서

'우리는 공기 바다의 바닥에 잠기어 살고 있다.'
— 에반젤리스타 토리첼리, 1844년

극적인 공개 시연회를 열었다. 그는 구리로 된 두 개의 반구를 결합해 지름이 60cm인 구를 만들고, 가죽과 왁스로 밀폐한 뒤 펌프를 사용하여 내부의 공기를 모두 빼내었다. 구 안에 공기가 없기 때문에, 구 바깥의 대기압과 균형을 이루는 안에서 밖으로 작용하는 공기의 압력이 없다 - 그래서 대기압이 두 반구를 단단하게 붙여주었다. 실제로 반구가 아주 단단하게 붙어 있어서, 양쪽에서 말이 잡아당겨도 떨어지지 않았다. 그러나 게리케가 밸브를 열어 공기를 다시 들여보내자, 어린아이도 쉽게 반구를 분리할 수 있었다.

다음 해 잉글랜드에서 아일랜드 출신의 과학자 보일이 게리케의 연구서를 읽고서 개량된 진공펌프를 설계하기 시작했다. 그의 조수인 잉글랜드의 과학자 훅은 설계와 작업을 도왔고, 둘이 함께 훨씬 더 강력한 수동식 피스톤 구동

# 에반젤리스타 토리첼리, 기압계를 발명하다

**토리첼리는 공기의 압력을** 연구했다. 그는 물 펌프와 사이펀이 왜 물을 10m 이상 끌어 올릴 수 없는지 알아내려고 했다. 여러 사람이 이미 그것에 주목하고 있었다. 토리첼리는 물을 관 위로 밀어 올리는 것은 관 밖에 있는 물을 누르는 대기의 무게이고, 10m가 '대기압'이 지탱할 수 있는 최대치라고 생각했다. 훨씬 밀도가 큰 액체인 수은을 넣은 관을 이용한 실험에서 그는 대기압이 단지 76cm만큼만 수은기둥을 지탱할 수 있다는 것을 알아냈다. 그리고는 토리첼리는 압력이 변함에 따라 날씨와 함께 수은주의 높이가 변한다는 것을 알아차렸다. 토리첼리가 최초의 기압계를 발명한 것이다. - 이 기구는 지금도 여전히 대기압을 측정하는 데 사용되고 있다.

진공 펌프를 만들어냈다.

그 이후로 진공펌프는 전구와 텔레비전의 발명을 포함한, 많은 중요한 과학적 발견들을 하는 데 있어 필수품이 되었다.

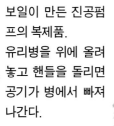

보일이 만든 진공펌프의 복제품. 유리병을 위에 올려 놓고 핸들을 돌리면 공기가 병에서 빠져 나간다.

게리케의 대기압 위력 시범. 대기압은 말 8필보다 강하다.

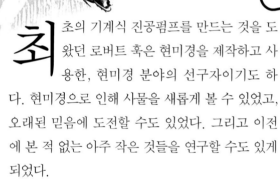

# 아주 작은 것들

## 보이지 않는 세계를 발견해 보자

**함께 탐구할 과학자들**

**마르첼로 말피기 :** 최초로 혈관 관찰

**로버트 훅 :** 아주 작은 생물들을 그림

**안토니 반 레번후크 :** 미생물 발견

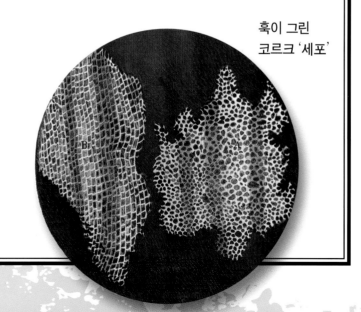

훅이 그린
코르크 '세포'

최초의 기계식 진공펌프를 만드는 것을 도왔던 로버트 훅은 현미경을 제작하고 사용한, 현미경 분야의 선구자이기도 하다. 현미경으로 인해 사물을 새롭게 볼 수 있었고, 오래된 믿음에 도전할 수도 있었다. 그리고 이전에 본 적 없는 아주 작은 것들을 연구할 수도 있게 되었다.

17세기 후반기는 현미경 관찰이 활기를 띤 시기였다. 예컨대 1661년, 이탈리아의 과학자 마르첼로 말피기가 처음으로 모세혈관을 보았다. 그것은 획기적인 일이었다. 거의 40년 전쯤, 잉글랜드의 물리학자 윌리엄 하비가 고대로부터 전해온 견해(혈액은 몸에 차 있고 순환하지 않는다)에 도전했다. 그는 혈액이 순환한다고 생각했다. 그는 정확하게, 혈액이 심장으로부터 쏟아져 나와 동맥을 타고 흘러갔다가, 정맥을 통해 되돌아온다고 생각했다. 1628년, 하비는 자기 생각을 확인해 줄 실험을 했다. 그러나 말피기가 모세혈관을 보기 전까지, 아무도 동맥과 정맥 사이의 물질적인 연결을 찾아내지 못했다.

벼룩을 크게 확대해서 본 모습

# 또 다른 세계를 자세히 보다

'현미경(microscope)' 이라는 단어는 그리스어 micron(작은)과 skopein(보다)에서 왔다. 2개 또는 그 이상의 렌즈를 결합해 만드는 현미경은 1590년대에, 네덜란드의 안경 제작자들이 두 개의 렌즈를 나란히 겹쳤을 때, 상이 몇 배나 더 커지는 것을 보고 발명하였다. 1650년대까지 과학자들은 일상적으로 현미경을 사용하여 사물을 관찰하였으나, 배율이 10배 가량밖에 되지 않았다. 1650년대 후반에 로버트 훅이 설계를 개선하여, 경통의 길이를 줄이고 배율을 30배까지 높였다.

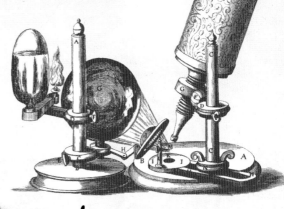

## 훅의 현미경

1665년 간행된 훅의 베스트셀러 과학서적 《마이크로그라피아 (아주 작은 그림)》의 첫장

1665년, 훅은 《마이크로그라피아(아주 작은 그림)》라는 주목할만한 책을 펴냈다. 여기에는 그가 현미경을 통해 들여다본 것들을 직접 그린, 깜짝 놀랄 만한 그림들이 실려 있었다. 그 그림 중의 하나가 '벌집처럼 구멍이 아주 많은' 부드러운 재질의 코르크*였다. 그는 코르크의 구멍들을 설명하기 위해 '세포**'라는 단어를 사용했다. 1668년, 네덜란드의 현미경 전문가 얀 스바메르담은 혈액 속에서 아주 작은 구 모양의 '혈구'를 관찰했고, 이로써 그는 처음으로 적혈구를 보게 된 것이다.

\* 코르크 : 코르크나무의 껍질
\*\* 세포 : Cell(벌집의 구멍, 작은 방)

아이 벌레를 자세히 살펴보고 있다

맨 왼쪽 : 레벤후크와 그의 황동 현미경(오른쪽)

왼쪽 : 레벤후크가 보고 그린 '극미동물'과 다른 미생물들

중에는 그의 이에서 긁어낸 플라크(치태) 속에서도 미생물들을 보았고, (정확하게) 빗방울 하나에 수백만 마리가 들어 있을 것으로 추정했다.

## 빗방울 속의 세상

1670년에, 또 다른 네덜란드인이 현미경을 이용하여 더 깜짝 놀랄 만한 발견들을 했다. 포목 도매상인 안토니 반 레벤후크는 직물의 조직을 검사하기 위하여 고배율의 돋보기를 자주 사용하였다. 훅의 《마이크로그라피아》에 감명받은 레벤후크는 실질적으로 성능 좋은 현미경을 만드는 일에 착수했다. 두 개의 렌즈를 사용한 다른 현미경과 달리, 레벤후크의 현미경은 그가 직접 갈아 만든 한 개의 유리구슬로 되어 있었다. 그의 현미경은 훅의 현미경보다 10배 정도 더 큰, 거의 300배의 배율을 가지고 있었다.

1674년, 레벤후크 또한 혈액 속의 적혈구를 보았고, 크기가 모래알 지름의 1/2,500 정도라고 추정했다. 그리고 1675년, 연못 물의 시료 속에서 너무 작아 맨눈으로는 보이지 않는 아주 작은 생물체들을 보았다. 그가 최초로 미생물들을 본 것이다. 그는 그것들을 '극미동물'이라고 이름 붙였다. 그는 또 빗물과 침, 그리고 나

안토니 반 레벤후크, 1683년.

'내 입 안에는 매우 적은 양의 침과 서로 엉켜 있는 극미동물들이 있었다. 전에 본 어떤 것보다 맵시 있게 움직이는 작은 것들이 아주 많았다.'

## 관찰을 확인받다

레벤후크는 그가 본 극미동물과 그 외 다른 것들을 알리기 위해 그 당시 가장 명성이 높은 과학 단체인 런던의 왕립학회에 여러 차례 편지를 썼다.

왕립학회의 회원들은 처음에 다른 유럽의 과학자들과 마찬가지로 회의적이었다 - 유럽에는 어디에도 레벤후크의 것과 같은 좋은 성능의 현미경이 없었다. 과학이라는 세계를 알아내는 새로운 방법을 따르는 사람들에게, 발견에 대한 증명은 중요했다. 그래서 왕립협회에서는 훅에게 레벤후크의 주장을 확인하는 일을 맡겼다. 훅은 몇 달 동안 노력하여 현미경을 여러 차례 개량한 끝에 레벤후크가 보았던 것들을 보았다.

그 후로 수십 년 동안 현미경은 배율과 선명도가 향상되었고, 생물학에서 믿을 수 없는 새로운 발견들이 우박처럼 쏟아졌다. 그러나 훅과 스바메르담, 그리고 레벤후크가 발견한 세포들이 생물체의 기본 단위라는 것을 깨닫기까지는 150년의 세월이 더 지나야 했다.

# 지상에서도 하늘에서와같이

## 힘을 지배하는 법칙을 찾아 보자

**함께 탐구할 과학자들**　　갈릴레오 갈리레이 : 마찰 이론

르네 데카르트 : 좌표계

아이작 뉴턴 : 3가지 운동 법칙

로버트 훅은 레벤후크의 '극미동물'을 조사하면서 동시에 태양계에 관한 커다란 의문점들을 곰곰히 생각했다. 1679년, 훅은 잉글랜드에 있는 케임브리지대학의 수학교수 뉴턴에게 편지를 써, 행성들이 궤도를 유지하는 것에 대해 아는 것이 있느냐고 물어보았다.

사물의 운동을 이해하는 것은 오래전부터 과학자들과 철학자들의 가장 중요한 관심사였다. 고대 그리스 시대에, 아리스토텔레스는 (밀거나 당기는)힘이 작용할 때만 물체가 움직이고, 힘이 멈추면 물체의 운동도 멈춘다고 선언했다. 그렇지만 이것은 공기 중으로 던져진 공과 같은 '자유로운' 운동은 설명할 수 없었다. 공이 손을 떠났을 때는 어떤 것도 공을 밀고 있지 않은데 공은 계속 움직이고 있기 때문이었다.

**갈릴레오**가 중력이 어떻게 물체를 경사면 아래로 가속시키는지 실험하고 있다

– 그리고 어떻게 조수를 놀라게 하는지도

그러나 아리스토텔레스는 그에 대해 다음과 같이 대답했다. '던져진 물체 뒤 공간으로 공기가 급하게 이동하면 그 움직이는 공기가 물체를 밀어주고 그 물체를 계속 운동하도록 유지시킨다.'

## 운동과 마찰

중세 시대에 와서 이슬람과 유럽의 철학자들은 아리스토텔레스 생각을 약간 수정했다. 그들은 물체가 운동을 시작하려 할 때에는 일정량의 추진력이 물체에 주어지고 그 힘은 점진적으로 소멸되어 결국에는 움직이던 물체가 멈추게 된다고 설명했다. 그러나 그들의 생각은 틀렸고, 아리스토텔레스도 틀렸다.

17세기 초에 갈릴레오는 힘과 운동에 관한 실험들을 했다. 특히 그는 어떻게 힘이 물체를 가속시키거나 감속시키는지에 심취해 있었다. 어떻게 중력이 물체를 가속시키는지 알아내기 위해 그는 경사를 다르게 하여 공을 굴려보면서 바닥까지 도달하는데 얼마나 오랜 시간이 걸리는지 꼼꼼하게 측정했다. 갈릴레오는 움직이는 물체에 어떠한 힘도 작용하지 않으면 그 물체는 같은 방향과 같은 속도를 유지하면서 운동을 지속한다는 것을 알아냈다. 사실 운동은 닳아 없어지는 것이 아니다. 그리고 힘이 멈췄다고 해서 운동이 멈추는 것도 아니다. 오히려 운동을 멈추게 하기 위해서는 힘이 필요하다.

갈릴레오는 움직이던 물체의 속력을 감소시키는 힘인 마찰력과 공기 저항의 개념을 도입했다. 보통 일상생활에서 움직이던 물체는 서서히 운동을 멈추게 되는 경향이 있다. 이는 마찰력에 의해 물체의 운동이 멈추는 것이지 추진력이 소멸하기 때문이 아니고 공기가 물체를 밀어주는 것을 멈춰서 그런 것도 아니다.

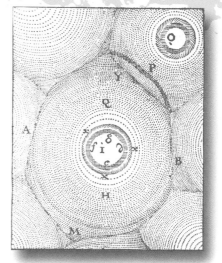

데카르트에 의하면, 소용돌이가 행성들이 태양 주위를 돌도록 밀어준다.

## 수학적인 예측

훅이 뉴턴에게 했던 - 무엇이 행성의 궤도를 유지하게 하는지에 대한 - 질문은 이제 지구가 스스로 움직인다는 것이 명백해졌기 때문에 매우 중요해졌다. 1630년대에, 프랑스의 철학자 르네 데카르트는 빽빽하게 밀집되어 돌고 있는 입자들의 거대한 소용돌이를 따라 행성들이 회전하고 있다고 주장했다. 그 생각이 틀렸음에도 불구하고 데카르트는 과학사에서 매우 중요한 인물이다. 그의 가장 큰 기여 중 하나는, 오늘날 데카르트 좌표계로 알려진 물체의 위치를 숫자로 나타내는 방법이다. 이 좌표로 인해 과학자들은 방정식으로 물체의 운동을 표현할 수 있게 되었고, 결과적으로 힘과 운동에 관한 이론까지 방정식으로 표현할 수 있게 되었다. 이 방법으로 과학자들은 물체의 운동을 정확하게 예측할 수 있었고, 그 예측을 자신들의 실험 결과와 비교함으로써 이론을 검증할 수 있었다.

## 운동과 중력

데카르트와 갈릴레오의 업적은 젊은 아이작 뉴턴에게 깊은 영향을 끼쳤다. 1666년, 뉴턴은

과학자들은 궁금했다: 무엇이 달을 우주로 날아가지 않도록 할까?

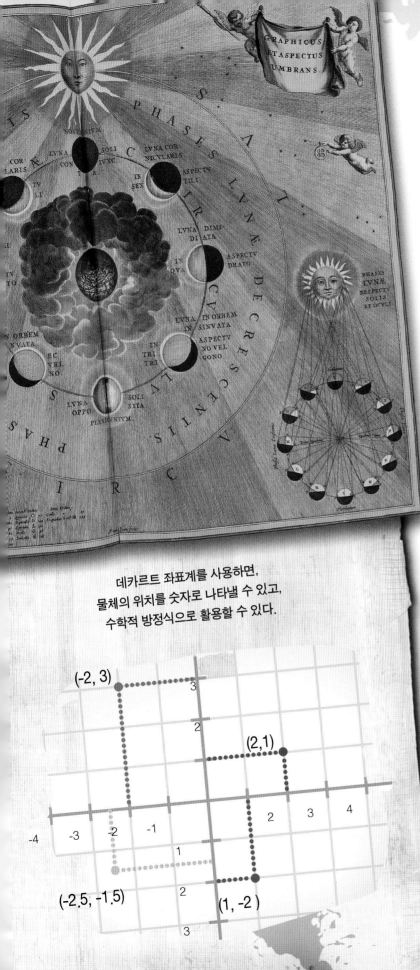

케임브리지대학 재학 중에, 런던과 케임브리지를 강타한 유행성 전염병을 피해 몇 달 동안 고향 집에 가 있었다. 그리고 그곳 고향 집에서 대부분의 중요한 발견들을 해냈다.

뛰어난 수학자였던 뉴턴은, 힘과 운동에 관한 새로운 관찰과 생각들을 기하학뿐만 아니라 방정식을 사용하여 수학적으로 표현할 수 있었다. 사실, 뉴턴은 모든 물체의 운동을 단지 3가지 '법칙'으로 설명해 냈다. 첫 번째 법칙은, 힘이 작용하지 않으면 물체는 운동을 계속한다는 갈릴레오의 발견이었다.

두 번째 법칙은, 힘이 작용하면 물체의 질량과 작용한 힘의 크기와 방향만큼 물체가 가속된다(속력이나 방향 또는 둘 다 변함)는 것이다.

그리고 세 번째 법칙은, 모든 힘에는 크기는 같고 방향은 반대인 또 다른 힘이 존재한다는 것이

**아이작 뉴턴의**
초상화, 19세기

데카르트 좌표계를 사용하면,
물체의 위치를 숫자로 나타낼 수 있고,
수학적 방정식으로 활용할 수 있다.

(-2, 3)

(2,1)

(-2.5, -1.5)

(1, -2)

다. 이러한 간단한 법칙들을 사용하여 과학자들은 어떠한 물체의 운동이라도 언제든지 설명할 수 있게 되었다.

또한, 1666년 뉴턴은 지구에서 물체를 아래로 떨어지게 하는 것과 행성을 궤도에 유지시키는 것과의 사이의 관계를 정립했다. 뉴턴은 중력(우리가 땅에 발을 붙일 수 있게 해주는 힘)이 물체들을 서로 잡아당기는데 심지어 우주 공간을 가로질러서까지 서로 잡아당긴다는 것을 깨달았다.

그 힘의 크기는 두 물체의 질량과 떨어져 있는 거리에 따라 달라지는데, 이 관계를 방정식으로 표현할 수 있다.

중력을 나타내는 이 방정식은 지상에서 낙하하는 물체의 운동뿐 아니라 태양을 돌고 있는 행성들과 지구를 도는 달의 운동 궤도도 예측했다. 중력에 관한 그 새로운 이론은 행성 궤도에 관한 케플러의 관측과 완벽하게 들어맞았다.

행성의 궤도가 타원이라는 사실은 뉴턴의 방정식 안에 숨겨져 있었다. 그리고 달을 궤도 안에 유지시키는 것은 실제로 중력이다. 우리를 의자에 앉아 있게 하는 것과 돌멩이나 혹은 다른 어떤 투사체를 땅으로 떨어지게 만드는 것도 같은 힘, 중력에 의해서이다.

뉴턴은 대포알을 산꼭대기에서 수평으로 쏘는 것을 상상했다. 지구 주변을 돌 수 있는 충분한 속도로 대포알을 쏘면 대포알은 땅을 향해 떨어지지만, 지구의 둥근 모양과 같은 곡선을 그리며 돌 뿐 땅에는 절대 닿지 않는다. 달도 이와 같은 원리로 설명할 수 있다. 달은 결코 땅에는 도달하지 않으면서 일정하게 지구로 떨어지고 있는 것이다. 만약 달이 움직임을 멈춘다면, 달은 떨어지는 물체처럼 아래로 가속될 것이고 결국엔 지구로 떨어져 충돌할 것이다. 마찬가지로 만약 중력을 사라지게 한다면 달은 다른 힘이 작용하기 전까지는 일정한 속도로 직진 운동을 할 것이다.

뉴턴의 저서, 《프린키피아》에 나와 있는 지구를 돌고 있는 **대포알**

### 보편 법칙

그래서 1679년에 혹은 뉴턴에게 행성 궤도에 관해 어떤 의견이 있는지 편지로 물었고, 뉴턴은 혹에게 여러 편의 긴 답장을 썼다. 1686년 뉴턴은 힘, 운동, 그리고 중력의 수학적 법칙들과 실험의 세부사항들을 정리하여, 같은 해에 《자연철학의 수학적 원리 : 줄여서 프린키피아》라는 책으로 출판하였다.

달, 지구, 그리고 대포알의 움직임이 같은 힘에 의한 것이라는 사실은, 뉴턴의 중력 법칙이 전 우주에 적용되는 '보편적인' 법칙이라는 것을 의미한다. 뉴턴의 운동 법칙도 또한 보편 법칙이다. 복잡한 운동을 몇 개의 간단한 법칙으로 체계화하고 간단히 정리할 수 있다는 것은 매우 획기적인 과학의 힘이었다. 그래서 점점 더 많은 사람들을 자연계를 관찰·측정하고 이해하기 위한 탐구의 노력에 빠져들게 했다.

'항상 우리의 눈앞에 펼쳐져 있는 우주라는 광대한 책은···수학이라는 언어로 쓰여 있다.' 갈릴레오, 1623년

# 특별한 물질

## 만물을 구성하는 물질을 찾아 보자

### 함께 탐구할 과학자들

**데모크리토스** : 원자라는 용어를 최초 사용
**아이작 뉴턴** : 입자
**로버트 보일** : 공기의 탄성
**스티븐 헤일스** : 팽창하는 기체
**다니엘 베르누이** : 기체에 대한 명확한 견해

**뉴**턴은 우주에 대한 새로운 그림을 그렸다. 그 그림의 본질적인 부분은 물질이 행성 운동과 똑같은 법칙에 의해 지배되는 작은 입자들로 이루어져 있다는 생각이었다. 물질을 입자로 생각하면 폰 게리케의 진공이 이해된다. 만일 입자와 공간이 존재하는 모든 것이라면, 입자를 제거하면 공간인 진공만 남게 된다.

### 가장 작은 부분들

물질이 아주 작은 입자들로 이루어져 있을 것이라고 처음 생각한 사람 중 하나는 고대 그리스의 철학자 데모크리토스이다. 그는 뉴턴보

**데모크리토스는 처음으로 가장 작은 물질에 대해 생각한 사람 중 한명이다.**

다 2000년 전에 살았던 사람이다. 데모크리토스는 만일 물체를 반으로 계속 나누어 가면 무슨 일이 생길지 궁금해 했다. 언제까지 무한히 계속 잘라 더 작은 조각을 만들 수 있을까? 아니면 더 이상 반으로 자를 수 없는 어떤 것, 가장 작은 입자에 도달하게 될까? 데모크리토스는 가장 작은 입자를 '원자(atom)'라고 불렀다. 원자(atom)는 그리스어 '더는 나눌 수 없는(atomos)' 말에서 유래한다. 수백 년 동안 대부분의 철학자들과 과학자들은 데모크리토스의 생각을 받아들이지 않았다. 그러나 뉴턴의 법칙은 데모크리토스의 생각을 다시 유행하게 만들었다 - 적어도 잠깐 동안은.

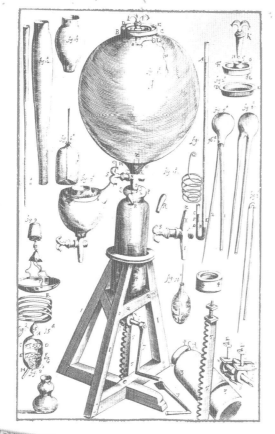

보일은 공기에 대한 연구에 정교한 진공펌프를 사용하여 보일의 법칙을 발견하였다.

1704년 《광학, Opticks》이라는 책에서 뉴턴은 소리와 열에 대한 설명을 포함하여 물질의 입자라는 관점에서 일상의 현실을 설명하였다. 그는 또한 빛은 입자의 흐름이라고 제안하였다. 물방울이나 핀의 머리, 사실 우리 주위의 모든 것이 너무 작아서 볼 수는 없지만 수십억 개의 움직이는 입자로 구성되어 있다고 생각하면 경이롭다. 지금으로부터 300년보다 더 오래전에 뉴턴이 이러한 생각했다는 것을 상상하면 훨씬 더 놀랍다.

## 공기의 본질

뉴턴의 입장에서 보았을 때 고체와 액체 안의 입자들은 서로 강하게 잡아당기고 있다. 이것은 고체와 액체 상태의 물질이 기체처럼 퍼지지 않음을 설명할 수 있는 것이다. 그 당시에 과학자들은 기체들을 단순히 '공기'와 같은 기체의 형태를 이루는 것과 구별하지 못했다. 비록 공기는 보이지 않았지만 그 시대의 뉴턴과 다른 과학자들은 입자로 구성되어 있을 것으로 생각했다.

# 진정한 색

**뉴턴의 저서** 《광학》의 주제는 빛과 색이었다. 뉴턴은 빛은 입자의 흐름이 분명하다고 생각했다. 그 입자들이 빛이 나는 물체에서 되돌아가고, 유리로 만든 렌즈처럼 투명한 물체를 통과할 때 휘어진다고 생각했다. 그러나 그는 빛 입자가 어떻게 서로 다른 색을 만드는지는 설명하지 못했다. 광학에서 가장 유명한 실험은 뉴턴이 백색광을 색의 스펙트럼으로 나누기 위해 프리즘을 사용한 것이다. 뉴턴은 이렇게 함으로써 사람들이 순수한 빛이라고 믿었던 백색광이 실제로는 여러 가지 색의 혼합물임을 보여주었다.

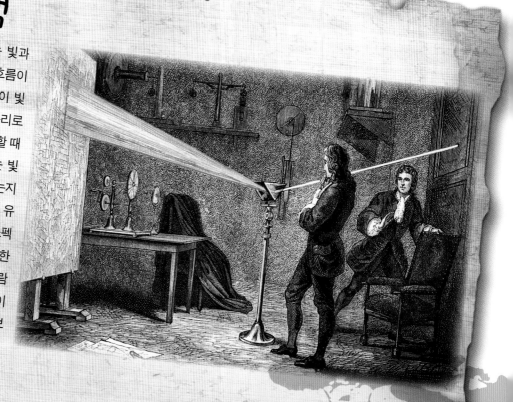

1660년대에 로버트 보일은 공기에 대한 실험을 했다. 공기가 압축되었을 때 어떻게 공기가 되미는지, 즉 다른 말로 공기의 압력이 어떻게 증가하는지 조사하였다. 공기를 압축시켰을 때 밀치는 (또는 공기가 팽창했을 때 물러나는) 이런 물질의 성질을 '탄성'이라고 불렀다. 공기는 돌보다 훨씬 탄력이 있다. 보일은 공기의 탄성을 설명한 간단한 법칙을 발견하였다. 그 법칙은 공기를 압축시켜 부피를 반으로 줄이면 공기의 압력은 두 배 커진다는 것이다. 공기의 부피를 1/3로 줄이면 공기의 압력은 3배 증가, 공기의 부피를 1/4로 줄이면 압력은 4배 증가 등등. 보일의 법칙 결과 과학자들은 공기를 '탄성이 있는 유체'로 부르기 시작했다 (액체나 기체처럼 흐를 수 있는 모든 것이 유체이다). 뉴턴은 공기의 작은 입자를 용수철에 연결되어 움직이지 않는 공으로 상상했다.

# 스티븐 헤일스
## 꿀에서 '공기' 빼내기

## 공간 채우기

1720년대에 영국의 아마추어 과학자인 스티븐 헤일스는 공기에 대하여 놀랄만한 발견을 하였다. 그는 무생물(무기물)은 물론 식물과 동물 물질을 가열하고 다양한 화학 반응 실험을 하였다. 각각의 사례에서 그는 실험 중에 분명히 물질에서 빠져나온 '공기'를 모았다. 예를 들어 그는 단지 16cm³의 꿀을 가열하였는데 144배의 공기가 발생하였다.

헤일스는 대부분의 고체와 액체는 매우 많은 양의 공기를 가지고 있다가 배출할 수 있으며, 열과 화학 반응에 의해 공기를 빼낼 수 있다고 결론지었다. 빠져나간 공기는 공간을 채우기 위해 퍼져나가고 주변에 압력을 가할 것이다. 그의 연구결과는 1727년에 출판된《식물 통계학, vegetable staticks》에 기록되어 있다. 그 결과는 탄성이 있는 유체로서의 공기에 대한 생각과 정확하게 일치하였다.

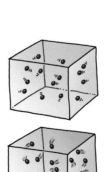

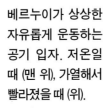

베르누이가 상상한 자유롭게 운동하는 공기 입자. 저온일 때 (맨 위), 가열해서 빨라졌을 때 (위).

## 자유롭게 날아다니다

1730년대 스위스의 수학자 다니엘 베르누이는 입자로서의 공기가 어떻게 행동하는지 다른 견해를 찾아냈다. 베르누이는 고정되어 있거나 서로 밀쳐내는 입자 대신에 자유롭게 움직이고 모든 방향으로 속력을 갖고 날아다니는 입자를 제안하였다. 그때 공기의 압력은 용기의 벽에 입자가 충돌한 결과일 것이다. 1738년에 베르누이는 뉴턴의 법칙을 사용하여 공기 입자의 평균 속력을 계산하기 위한 방정식을 세웠다. 그 식은 다른 온도에서 공기의 압력을 구하는 데도 이용될 수 있었다. 그 식은 유용하였고 베르누이의 생각은 현재의 기체에 대한 생각과 매우 가까웠다. 이것은 놀랄만한 업적이었다. 그러나 베르누이의 생각은 시대에 앞서 있었다. 공기의 입자는 고정되고 서로 반발한다는 뉴턴의 생각이 여전히 옳다고 여겨졌다.

# 전기 유체

## 전기의 신비를 탐구해 보자

**함께 탐구할 과학자들**
**윌리엄 길버트 :** 최초로 전기를 유체라고 밝힘
**프랜시스 혹스비 :** 전기 발생 기구 제작
**스티븐 그레이 :** 인간 도체
**장 앙투안 놀레 :** 충격적인 전기 실험
**벤자민 프랭클린 :** 위험한 연날리기

자화된 바늘을 코르크에 끼워 물속에 자유롭게 띄워놓으면 지구 자기력에 방향을 맞춘다.

스티븐 헤일스는 공기가 물질 내부에 압축되어 있으면서, 빠져나오려고 밀고 있다는 증거를 발견했다고 생각했다. 18세기가 계속되면서, 과학자들은 이와 같이 보이지 않고 탄성력 있는 유체가 전기 현상의 이면에 있을 것이라고 믿기에 이르렀다. 그렇지 않으면, 물체를 끌어당기고 밀어내며, 머리카락을 쭈빗쭈빗 서게 하고, 불꽃을 일으키는 이러한 보이지 않는 힘들을 설명할 수 없었다.

잉글랜드의 물리학자 윌리엄 길버트는 1600년, 그의 저서 《자기력의 모든 것, De Magnete》에서 처음으로 전기가 일종의 유체일 수도 있음을 시사했다. 길버트는 호박(송진 화석)을 가지고 실험했다. 호박을 털가죽으로 문지르면 두 물체 모두 전기를 띠게 된다. 마치 풍선을 머리에 문지르면 풍선과 머리카락이 모두 전기를 띠는 것과 같다. 전기를 띤 호박과 털가죽은 서로 끌어당기고, 머리카락이나 종잇조각 같은 다른 물체들도 끌어당긴다. 이와 같이 반응하는 물질들은 고대 그리스 시대부터 알려져 있었다.

길버트는 호박이나 털가죽 같은 물질 내부에 전기를 띤 유체가 있다고 믿었다. 그는 이러한 물질들을 문지를 때 유체가 팽창하여, 마치 지구를 둘러싸고 있는 공기처럼 그 물질들을 둘러쌌다가, 다시 물질 속으로 들어갈 때 작은 물체들을 끌고 간다고 생각했다. 길버트는 전기가 당기기만 하는 것이 아니라 밀어내기도 한다는 것은 알아채지 못했다. 1628년, 이탈리아의 과학자 니콜로 카베오가 전기를 띤 두 개의 호박이나, 두 개의 털가죽을 가까이 하면 서로 밀어낸다는 것을 발견하였다.

위 : 길버트가 잉글랜드의 여왕 엘리자베스 1세에게 전기의 끌어당기는 힘을 보여주는 실험을 하고 있다.

왼쪽 : 호박(송진 화석)

## 많은 전기를 모으다

18세기는 실험과학의 전성기였고, 전기는 즐겨 연구하는 주제가 되었다. 1706년, 잉글랜드의 과학자 프랜시스 혹스비는 유리를 피부에 문지르면 전기가 발생한다는 것을 깨달았다. 그는 유리구를 수동식 크랭크*의 축에 끼우고, 한 손으로 손잡이를 돌려 유리구를 빨리 회전시키면서 다른 손을 유리구 위에 올려놓았을 때, 전기가 탁탁 튀는 소리를 들을 수 있었다. 유리구에 많은 전기가 모였던 것이다. 이 구로 물체를 잡아당길 수도 있었고, 실험에 사용할 물체들을 대전(전기를 띔)시킬 수도 있었다.

곧 혹스비의 유리구는 표준 실험기구가 되었다. 과학자들은 물체를 대전시킨다는 것은 더 많은 유체를 물체 속에 집어넣는 것이라고 여겼다 - 실제로 '대전(charged)'이라는 단어는 '채움(filled)'을 의미한다. 유체가 다시 흘러나올 수 있다는 생각은 대전체가 어떻게 떨어져 있는 물체에 힘을 작용하는지 설명해 주었다.

# 또 다른 탄성 유체

윌리엄 길버트는 전기력에 관해 처음으로 책을 썼다. 그는 《자기력의 모든 것》에서 '호박 같은'이라는 의미로 'electricus'라는 단어를 사용하였다. 그 단어는 호박을 의미하는 그리스어 'electron'에서 가져왔고, 오늘날 전기를 뜻하는 'electricity'의 어원이 되었다. 그러나 그의 책 제목이 의미하듯, 길버트는 주로 자기력에 관심이 많았다. 그는 지구가 거대한 자석처럼 기능하는 철로 된 핵을 가지고 있다는 주장을 했고, 자석과 자성체의 작용을 목록으로 만들었다. 얼마 뒤에, 자기력의 원인이 전기력의 원인만큼이나 미스터리가 되었다 - 18세기 과학자들 또한 자석을 이용한 실험을 하면서, 자기가 전기와 같은 또 다른 탄성 유체일 것이라고 생각했다.

---

※크랭크 : 왕복운동을 회전운동으로 바꾸거나 그반대의 장치

혹스비의 유리구. 손잡이를 돌리고
회전하는 유리구에 손을 올려놓으면
불꽃이 일어난다.

1720년대에, 잉글랜드의 물리학자 스티븐 그
레이의 관찰에 의하면 어떤 물질은 '전기 유체'
가 통과할 수 있고, 어떤 물질은 통과할 수 없는
것처럼 보였다. 4년 뒤에 프랑스 출신의 과학자
존 데자귈리에가 이 물질들을 오늘날 우리가 사
용하는 '도체(전기를 전달하는 물질)'와 '부도
체(전기를 전달하지 못하는 물질)'라는 이름으
로 불렀다. 그 시대 많은 실험과학자들처럼 그
레이는 대중 앞에서 자주 시범 실험을 했다. 그
는 신체 각 부분마다 도체와 부도체를 적절히
선택하면 전기적인 영향을 제어할 수 있다는 것
을 발견하였다. 그 시대의 많은 과학자가 모방
했던 한 시범 실험에서, 그레이가 명주실에 매
달린 소년의 발에 대전된 유리 막대를 갖다 대
자, 소년의 손과 얼굴에 종잇조각들이 달라붙었
다. 전하가 소년의 몸을 따라서 또는 통해서 지
나갔지만, 부도체인 명주실을 통해서 빠져나가
지는 못했다.

## 전기회로

아마도 전기를 연구하던 과학자
들에게 가장 중요한 실험기구는 라
이덴병이었을 것이다. 그것은 안팎
으로 금속 박을 입힌 유리병이다.
안쪽 금속 박은 대전체를 대어 병을
충전시키기 위한 동그란 금속 손잡
이와 연결되어 있다. 라이덴병은 많
은 양의 전하를 저장하였다 방출하
면서, 실험에 극적인 효과를 줄 수
있다. 프랑스의 과학자 아베 장 앙
뚜안 놀레는 라이덴병을 이용하여
그레이의 실험을 화려하게 변형시
켜 재현하였다. 놀레는 프랑스 국왕을 즐겁게
하기 위해, 180명의 근위병들이 서로 손을 잡고
둥글게 서 있도록 한 다음, 동시에 전기 충격을
가하였다. 그러자 모든 병사들이 한꺼번에 헉
소리를 지르며 하늘로 펄쩍 뛰어올랐다.

라이덴병은 전기가 유체라는 생각을 강화시

라이덴병.
병 위쪽의 동그란
금속 손잡이와
병 안쪽의 금속 박이
쇠사슬로 연결
되어 있다.

켰다. 유체를 병에 담는 것보다 더 좋은 방법이 있을까? 라이덴병은 또 전기를 연구하는 과학자들을 매료시키는 인상적인 불꽃을 만들 수도 있었다. 불꽃은 다시 전기가 유체라는 생각을 강화시켜 줬고, 사람들은 전기 유체가 불의 한 종류라고 생각하게 되었다. 1784년에, 네덜란드의 과학자 마르티누스 판 마룸은 길이 60cm, 폭 3mm의 불꽃을 발생시키는 장치를 만들어 냈다.

## 위험을 자초하다

1752년, 미국의 정치가 벤자민 프랭클린은 유명하면서도 위험한 실험을 하였다. 그는 번개가 전기 현상이라는 발상을 확인하기 위해, 천둥 번개가 치고 비가 내리는 날에 비단으로 만든 연을 하늘로 날려 보냈다. 그는 전하를 모아서, 털가죽으로 호박을 문질러 얻은 전기로 했던 모든 실험을 할 수 있었다. 그러나 다른 과학자들은 프랭클린의 실험을 따라 하다 죽었다 - 천둥·번개 속으로 연을 날리는 것은 좋은 생각이 아니다.

'연과 연실이 비에 젖어 전기의 불을 자유로이 전달할 수 있게 되었을 때, 연실에 매달린 열쇠에 손을 가까이 가져가 보면, 많은 양의 전기가 열쇠에서 흘러나오는 것을 발견할 것이다.'

벤자민 프랭클린, 1752년

전기 실험과 시범들은 인상적이었지만, 전기의 본질에 대한 단서는 거의 찾을 수 없었고, 많은 혼란과 의견 충돌을 야기했다. 예를 들면 프랭클린은 전기 유체가 한 종류뿐인데, 이 유체가 너무 많거나(양으로 대전), 너무 적으면(음으로 대전) 전기를 띠게 된다고 믿었다. 반면 놀레는 전기 유체가 두 종류라고 생각했다. 18세기의 과학자들은 전기와 관련된 현상들 뒤에 무엇이 있는지 이해하는 데 있어 거의 진전을 이루지 못했다. 그러나 전기를 유체라고 제시함으로써 과학자들에게 측정하고 토론할 여지를 남겨 주었다.

놀레는 프랑스 왕실에 강렬한 인상을 주기 위해 충격요법을 썼다.

# 뜨거운 주제

## 열의 본질을 밝혀 보자

**함께 탐구할 과학자들**

**가브리엘 파렌하이트 :** 수온 온도계 발명
**안데르스 셀시우스 :** 섭씨 온도 개발
**조지프 블랙 :** 숨겨진 열을 찾아냄

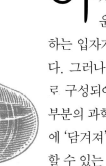

갈릴레오의 온도계는 온도를 측정하는 눈금이 없어서 진정한 온도계가 아니었다.

아이작 뉴턴, 로버트 보일과 다른 과학자들은 열은 물질을 구성하는 입자의 운동이라고 추측해 왔다. 물체를 구성하는 입자가 활발하게 움직일수록 더 뜨거워진다. 그러나 18세기 많은 사람은 물질이 입자들로 구성되어 있다는 것을 확신하지 못했다. 대부분의 과학자는 열을 전기와 자기처럼 물체 안에 '담겨져' 있고 한 물체에서 다른 물체로 이동할 수 있는 보이지 않는 유체로 생각했다.

### 온도 측정하기

1592년에 갈릴레오는 온도계를 최초로 만들었다. 온도계는 그리스어 '열(thermos)'과 '측정하다(metron)'라는 말에서 나온 말이다. 그 온도계는 온도의 변화를 볼 수 있었으나 눈금이 없었으므로 실제로 어떤 것의 온도도 '측정'하지 못했다. 17세기에 사람들은 눈금(척도)을 매겨서 열의 정도를 측정할 수 있는 새로운 온도계를 사용하기 시작했으며, 1714년 독일의 물리학자이며 유리 세공업자인 가브리엘 파렌하이트는 최초로 정밀한 온도계를 발명하였다. 그것은 수은으로 채워진 유리관에 단순히 눈금을 나타낸 것이었다.

1732년에 네덜란드의 과학자 헤르만 부르하버는 온도는 열 유체의 농도라고 제안하였다. 같은 공간 안에 열 유체를 많이 밀어 넣을수록 온도는 더 상승한다. 이것으로 온도가 다른 물질들이 섞이는 것을 이해할 수 있다. 예를 들어 40도의 물에 50도의 물을 각각 한 컵씩 더하면 45도의 물이 된다. 그러나 1740년대 파렌하이트는 부르하버의 단순한 생각에 도전하는 실험을 수행했다.

파렌하이트는 온도가 다른 동일한 양의 수은과 물을 섞었다. 이번에는 그 결과가 두 온도의 중간값이 아니라 물 온도에 더 가까웠다. 파렌하이트는 물과 수은을 불 가까이 가져가 보았다. 수은이 훨씬 더 빨리 가열되었다. 이것은 물체마다 가질 수 있는 열 유체의 양이 다르거나 적어도 다른 속도로 열을 흡수하는 것처럼 보였다.

## 잠열(숨은 열)

스코트랜드의 화학자 조셉 블랙은 '열용량'을 열을 담을 수 있는 물질의 능력이라고 설명했다. 화학자로서 그는 열을 유체 또는 물질로 편하게 생각했고, 그러면 열용량 개념은 이해가 쉬웠다. 몇 가지 물질들은 열유체와 더 강하게 반응하고 더 단단하게 묶인다. 예를 들어 식용유보다 물에 설탕이 잘 녹는 것과 같다.

그러다가 블랙은 열 유체의 존재를 의심하는 더 중요한 발견을 하였다. 1761년 그는 얼음이 녹을 때 얼마만큼의 열을 흡수하는지 측정했고 그 양이 물 온도를 78℃까지 높이는 데 필요한 양임을 알아내었다.

'물이 끓을 때, 열은 물에
의해 흡수되고 생성된
수증기의 구조 속으로
들어간다고 생각했다.'

조지프 블랙, 1760년

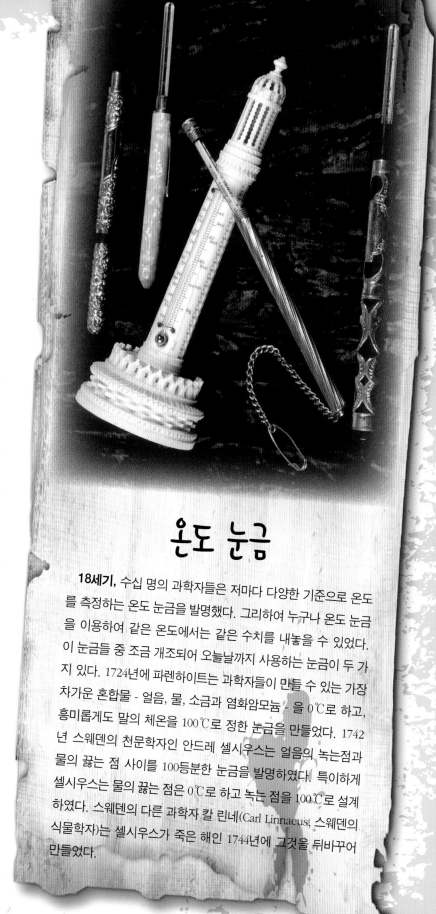

## 온도 눈금

**18세기**, 수십 명의 과학자들은 저마다 다양한 기준으로 온도를 측정하는 온도 눈금을 발명했다. 그리하여 누구나 온도 눈금을 이용하여 같은 온도에서는 같은 수치를 내놓을 수 있었다. 이 눈금들 중 조금 개조되어 오늘날까지 사용하는 눈금이 두 가지 있다. 1724년에 파렌하이트는 과학자들이 만들 수 있는 가장 차가운 혼합물 - 얼음, 물, 소금과 염화암모늄 - 을 0℃로 하고, 흥미롭게도 말의 체온을 100℃로 정한 눈금을 만들었다. 1742년 스웨덴의 천문학자인 안드레 셀시우스는 얼음의 녹는점과 물의 끓는 점 사이를 100등분한 눈금을 발명하였다. 특이하게 셀시우스는 물의 끓는 점은 0℃로 하고 녹는 점을 100℃로 설계하였다. 스웨덴의 다른 과학자 칼 린네(Carl Linnaeus, 스웨덴의 식물학자)는 셀시우스가 죽은 해인 1744년에 그것을 뒤바꾸어 만들었다.

## 열 원소

우리는 지금 열이 유체가 아니고, 얼음을 녹이거나 물이 끓을 때 입자를 서로 떼어 놓기 위해 추가로 열이 필요함을 알고 있다. 그러나 특별한 물질, 유체로서의 열에 대한 생각은 한동안 널리 받아들여졌다. 1784년 프랑스 화학자 안토닌 라부와지에는 심지어 열소(프랑스어 칼로리)라는 이름을 붙이고 그의 화학원소 목록에 넣었다. 사실 1850년대 과학자들이 열과 온도의 본성을 알아낼 때까지 그 생각이 유지되었다 - 뉴턴과 보일이 결국 중요한 것을 발견하였음을 보여주었다.

# 조지프 블랙은
## 잠열이 숨어 있는 곳을 찾아내겠다고 결심했다.

얼음의 온도는 녹는 동안 온도가 전혀 '올라가지' 않고 일정하게 유지되었다. 1762년에 그는 끓는 물에 대한 비슷한 실험을 하였다. 물이 모두 증기로 될 때까지 같은 온도에 머물렀다. 끓는 물은 충분히 열을 흡수하여 440도 이상으로 온도가 올릴 수 있는 열을 흡수한다.

과학자들은 물질로서 열 유체는 만들어지거나 사라지지 않고 단지 한 곳에서 다른 것으로 이동하는 것이라고 가정해 왔다. 그렇다면 얼음을 녹이거나 물을 끓일 때 공급된 열은 어디로 갔을까? 블랙은, 열 유체는 여전히 물질에 머물러 있으나 증기와 물에 강하게 묶여 있으며 온도계를 피해서 숨어 있다고 생각했다. 따라서 그는 숨은 열을 '잠열'이라고 불렀다(잠재적인 것은 숨겨짐을 의미한다).

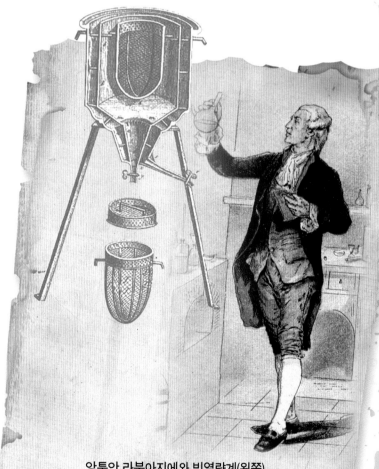

앙투안 라부아지에와 빙열량계(왼쪽).
그는 화학 반응에서 생기는 열을 측정하기 위하여 1782년 빙열량계를 발명하였다.

## 에피소드 8

# 공기

## 화학 반응을 이해해 보자

**함께 탐구할 과학자들**

**게오르크 슈탈** : 플로지스톤 이론

**조지프 블랙** : 최초로 이산화탄소 분해

**핸리 캐번디시** : 수소 발견자

**조지프 프리스틀리** : 탈플로지스톤 공기

**앙투안 라부아지에** : 선구적인 화학 실험

**18**세기에 행해진 열과 전기에 대한 실험들은 흥미롭고 많은 생각을 하게 했지만, 과학자들은 열과 전기의 본질에 아주 가까이 다가가지는 못했다. 그러나 18세가 말에, 화학이 빠르게 발전하면서 한층 더 중요한 진전을 이루었다.

화학은 물질이 무엇으로 이루어져 있으며, 화학 반응을 통하여 어떻게 변하는지를 탐구하는 학문이다. 화학의 전신은 연금술이라 불리는 신비스러운 기술이다. 많은 고대 사회에 걸쳐서 연금술사들은 물질을 태우고, 혼합하고, 증류해서 물질을 자유자재로 변환시키는 기술을 알아내고자 하였다. 그 과정에서 중세 아랍의 연금술사들이 오늘날 화학 실험실에서 쓰이는 기술들을 많이 발전시켰다.

초기 유럽의 과학자들은 연금술에 전력을 다했지만, 연금술사들이 사용한 절차는 과학적인 방법은 아니었다. 그러나 1661년, 로버트 보일은 그의 영향력 있는 책인《회의적인 화학자, Sceptical Chymist》에서 화학 반응의 신비는 관찰하고, 무게를 재고, 측정함으로써 풀 수 있다고 주장했다. 이와 같은 좀 더 과학적인 접근법을 채택함으로써 결과적으로 연금술이 종말을 맞고, 화학이 시작되었다.

### 플로지스톤설

연금술사의 실험실에서 가장 중요한 재료 중의 하나는 불이었다. 불은 화학 반응을 일으키거나 빨라지게 할 수 있었다. 1703년, 독일의 과학자 게오르크 슈탈은 가연성(탈 수 있는) 물질은 '플로지스톤'이라는 눈에 보이지 않는 물질을 포함하고 있다고 주장했다.

## 철학자의 돌

**대부분의 연금술사들**에게는 두 가지 중요한 목표가 있었다: 보통의 칙칙한 금속을 금으로 바꾸는 것과 불로장생과 만병통치의 영약을 만들어 내는 것이었다. 이 두 목적은 연관되어 있었다: 금은 비활성(비반응성)이어서 부식되지 않는다: 금은 영원하다. 영약도 사람들에게 금과 같은 특성을 부여해 주기를 희망했다. 유럽의 과학자들이 연금술의 목표와 실천을 받아들였을 때, 철학자의 돌이라고 불리는 단 한 가지 물질이 두 가지 목표를 다 이루어 주리라고 믿게 되었다.

조지프 라이트의 1771년 그림.
헨니히 브란트가 철학자의 돌을 찾는 과정에서 인을 발견하는 장면

## 기적의 물질찾기

가연성 물질이 탈 때 플로지스톤은 빠져나가고, 다른 물질은 그대로 남는다. 이 이론에 따르면, 예를 들어 나무는 재와 플로지스톤으로 이루어져 있다 - 나무가 탈 때, 플로지스톤은 빠져나가고 재는 남게 된다.

플로지스톤설을 지지하는 과학자들은 플로지스톤을 흡수하기 위해서 공기가 필요하다고 주장했다: 이것은 보일이 보여주었던 것처럼, 진공에서 물질이 타지 않는 이유를 설명해줬다. 그들은 또한 공기가 일정한 양의 플로지스톤만 흡수할 수 있다고 단언했다 - 그것은 초가 밀폐된 병 안에서 잠깐만 타는 이유를 설명해줬다. 오늘날에는 이상하게 보이겠지만, 18세기에는 플로지스톤설이 매우 일반적인 이론이었다.

### 원소를 분해하다

고대로부터 대부분의 연금술사들과 철학자들은 불이 원소 - 더 단순한 물질로 분해할 수 없는 순수한 물질 - 이며, 모든 물질은 오로지 흙, 공기, 불, 물의 4원소로 이루어져 있을 것이라고 추정했다. 예를 들어 재는 대부분 흙으로 되어 있다. 연금술사들은 이런 생각을 좋아했는데, 왜냐하면 그것은 어떤 물질이건 이론적으로는, 단지 각 성분 원소의 양을 변화시켜 달라지게 하거나, 다른 물질로 '변환'시킬 수도 있다는 것을 암시하기 때문이었다. 그러나 4원소설은 1660년대에 의심받기 시작했다. 독일의 연금술사인 헨니히 브란트는 그가 '인'이라고 이름 붙인 새로운 물질을 발견했는데, 이 물질은 공기도, 흙도, 불도, 물도 아닌 원소였다: 이 물질은 분해되지 않았다.

4원소설은 1751년에 또 다른 타격을 입었다. 조지프 블랙이 공기가 결코 원소가 아니라는 것을 알아냈다: 실제로 공기는 여러 가지 물질의 혼합물이다.

블랙은 소화불량을 치료하기 위해 사용되었던

## 헨리 캐번디시,
### '가연성 공기'의 발견자. 오늘날에는 수소라고 부른다.

6년 뒤에, 스웨덴의 화학자 칼 빌헬름 셸레가 또 하나의 새로운 기체를 발견하였다. 그는 그것을 '타는 공기'라고 불렀는데, 왜냐하면 물체들이 그 공기 안에서 매우 잘 탔기 때문이었다. 오늘날에는 산소라고 부른다. 셸레는 수은 석회(산화수은)라고 불리는 붉은 가루를 가열하여 새로운 공기를 만들어 냈다. 잉글랜드의 과학자 조지프 프리스틀리는 2년 뒤에 독립적으로, 같은 방법을 사용하여 같은 공기를 발견하였다. 프리스틀리는 쥐들이 보통 공기보다 새로운 공기가 들어 있는 병 안에서 훨씬 오래 산다는 것을 알았다. 그는 심지어 그 공기를 직접 호흡해 봤는데, '그 뒤로 한동안 가슴이 기묘하게 가뿐하고 편안해지는 느낌'을 받았다. 그는 새로운 공기를 '탈플로지스톤 공기'라고 불렀다. 프리스틀리에게 물질들이 그 안에서 그렇게 잘 타는 이유는 그 공기에서 플로지스톤이 제거되었기 때문이었다 - 그래서 플로지스톤을 빠르게 재흡수할 수 있었던 것이다.

'마그네시아 알바' - 오늘날에는 탄산마그네슘이라고 부른다 - 를 연구해 왔다. 마그네슘 알바를 가열하거나 산과 반응시키면 기체가 발생했다. 그 당시는 모든 기체를 '공기'라고 불렀다. 그러나 블랙은 마그네시아 알바에서 발생한 기체가 보통 공기와 다르다는 것을 깨달았고, 여러 가지 독창적인 실험으로 이것을 증명하였다. 예를 들면 그는 동물들이 새로운 공기 속에서는 살 수가 없고, 그 공기는 불꽃을 꺼버린다는 것을 알아냈다. 사실 그가 분리해낸 것은 이산화탄소였다.

### 공기 속의 공기

1766년, 잉글랜드의 과학자 헨리 캐번디시는 금속이 산에 서서히 녹을 때 발생하는 기포를 모아서, 또 다른 '공기'를 발견하였다. 캐번디시의 새로운 공기는 커다랗게 펑 소리를 내며 아주 잘 탔다. 그는 자기가 실제로 플로지스톤 그 자체를 모았다고 생각했다. 그는 그것을 '가연성 공기'라고 불렀다: 오늘날에는 수소라고 부른다. 캐번디시는 또한 가연성 공기를 태울 때 작은 물방울들이 생긴다는 것을 알았다 - 그러나 이유를 설명할 수는 없었다.

### 조지프 프리스틀리의
### 쥐가 탈플로지스톤 공기의 혜택을 마음껏 누리고 있다.

## 화학 반응을 관찰하다

1774년, 프리스틀리는 프랑스를 여행했다. 그곳에 머무는 동안, 그는 극히 정밀할 실험으로 널리 알려진 뛰어난 화학자 앙투안 라부아지에에게 그의 발견을 설명했다. 라부아지에는 즉시 프리스틀리와 셸레의 실험을 따라서 해보고, 연소는 탈플로지스톤 공기가 다른 원소와 합쳐지거나 결합하는 화학 반응이라는 생각이 강하게 들었다. 그는 탈플로지스톤 공기를 '산소'라고 이름 붙이고, 감탄할 만한 몇 가지 실험들을 통해서 자기의 이론이 옳다는 것을 증명했다. 라부아지에는 또한 가연성 공기를 태우면 물방울이 생긴다는 캐번디시의 관찰을 명확히 이해했다.

앙투안 라부아지에가 1774년, 거대한 태양열 거울을 사용하여 연소 실험을 하고 있다. 그가 쓰고 있는 선글라스를 주목해라.

그는 가연성 공기가 탈 때, 공기 중의 산소와 결합한다는 것을 깨달았다. 라부아지에는 가연성 공기를 '물을 만든다'는 의미로 '수소(물의 원소)'라고 이름 붙였다. 그는 심지어 뜨거운 수증기를 '분해'하여 물로부터 수소를 얻어내기도 했다.

라부아지에는 처음으로 화학 반응을 과학적으로 확실하게 이해했고, 원소(산소와 수소)와 화합물(물), 그리고 화학 반응 - 서로 다른 원소들의 결합과 분리 - 의 진실한 의미를 최초로 이해했다. 연금술과 철학자의 돌을 찾기 위한 탐구는 사라졌다. 그리고 플로지스톤설과 4원소설도 사라졌다. 그러나 새로운 과학인 화학은 점점 살아나고 발전하였다.

'우리는 언제나 실험의 결과에 따라 판단해야 하고, 반드시 실험과 관찰이라는 자연의 길을 따라 진리를 찾아야 한다.'

앙투안 라부아지에, 1790년

# 풍경 속의 과학

### 지각의 형성을 예리한 통찰력으로 탐구해 보자

**함께 탐구할 과학자들**

**제임스 허턴 :** 암석의 나이를 알아냄

**존 플레어페어 :** 허턴의 이론을 알기 쉽게 설명

제임스 허턴
(암석의 나이)

**18**세기 말로 향해 가면서 화학뿐 아니라 암석과 지층에 관한 학문인 지질학도 과학적 활동이 되었다. 앙투안 라부아지에가 통찰력과 주의 깊은 관찰력으로 화학을 진정한 과학으로 만든 것처럼, 스코틀랜드의 아마추어 과학자인 제임스 허턴도 지질학을 과학으로 탄생시킨 사람 중의 한 명이다.

지질학의 목표는 '지구의 나이는 얼마인가?', '산은 어떻게 만들어지는가?', '우리들의 발아래 깊은 곳에는 무엇이 있는가?' 등의 오래된 질문에 답하는 것이다. 제임스 허턴은 이런 질문들에 매료되었고, 그것들에 답하기 위해서는 관찰이 중요하다는 것을 알게 되었다. 그 결과 라부아지에가 화학 반응에 익숙했던 것처럼, 그는 자신의 고향인 스코틀랜드의 풍경에 친숙해 졌다.

'과거에 지구에 어떤 일이 일어났는지는, 현재 일어나고 있는 것을 알아냄으로써 설명할 수 있다.'

제임스 허턴, 1785년

## 끊임없이 변화하는 현장

허턴은 20대의 나이 때 한 농장에서 살았다. 그는 몇 달, 몇 년에 걸쳐 비가 어떻게 육지의 토양을 씻어내려 멀리 강으로 들어가게 하는지를 관찰했다. 그리고 그는 강이 토양을 바다로 실어 나르며, 토양은 바다에서 거의 틀림없이 해저에 가라앉을 것이란 사실을 깨달았다. 또한, 그는 비와 강물이 바위를 천천히 깎아내서 아주 조금씩 조금씩 이것들을 멀리 운반한다는 사실을 알게 되었다.

허턴은 이렇게 운반되는 과정이 충분히 긴 시간 동안 일어난다면 바다 밑바닥에 많은 퇴적층이 생길 것이며, 그 층의 무게에 의해 아래층이 짓눌러져 퇴적암이 생길 것이라 추정했다. 허턴은 자기 주위의 도처에서 이런 암석층을 보았다. - 그러나 그 암석들은 해수면보다 위에 있었다. 이것은 어떤 엄청난 힘이 작용해 암석들을 바다 밖으로 밀어냈으며, 화산과 지진이 관련되어 있는 것이 확실했다.

모든 암석이 층을 이루고 있는 것은 아니었으나, 다른 암석들도 언젠가 한번은 녹은(액체)적이 있었던 것처럼 보였다. 이 '냉각된' 암석들 중 일부는 그들 내부에 커다란 결정을 가지고 있는 반면, 다른 것들은 작은 결정을 가지고

화산은 제임스 허턴에게 지구 내부 열에 대한 증거를 제공했는데, 이것은 그의 이론의 중심을 이루는 것이다.

퇴적암의 이 경사진 층들은 위로 향하는 어마어마한 힘으로 기울어진 것이다

있었다. 허턴은 큰 결정이 만들어지려면 천천히 식으며 결정이 만들어져야 하며, 반면 작은 결정을 가진 암석들은 보다 빨리 식으며 결정이 만들어질 것이라 추정했다. 어떤 것은 전혀 결정이 없어 마치 유리처럼 보였는데, 이것은 어떠한 결정도 생길 수 없을 만큼 매우 빠르게 식었기 때문이다.

허턴은 화산 속에는 녹은 암석이 있다는 것을 알았고, 지구는 액체 상태의 핵을 가지고 있을 것이라 상상했다.

그는 화산 밖으로 흘러나온 녹은 암석이 주변 암석의 틈 사이로 스며들고, 암석을 녹일 것이며, 언젠가 화산이 휴면 상태에 들어가게 되면 녹은 암석은 천천히 식어서 커다란 결정을 형성한다는 사실을 깨달았다. 스코틀랜드에는 휴면 상태의 화산이 많이 있었으며, 그 화산들을 빙 둘러싸고 있는 암석들은 허턴의 생각과 아주 잘 들어맞았다.

## 세상의 나이

허턴은 지구가 어떻게 작동되는지에 대한 큰 그림을 구상하기 시작했다. 그는 행성이 끊임없이 변화하고 있다는 것을 이해하고 있었다. 지표는 침식되고, 퇴적암이 만들어지며, 어떤

것은 엄청난 힘으로 들어 올려지거나 굽혀지고, 또는 화산에서 공급된 뜨거운 열로 말미암아 녹은 암석이 되기도 한다. 물론 그러는 사이 화산에서 생긴 녹은 암석은 새로운 암석을 만드는데, 바다 아래에서조차도 이렇게 암석이 만들어져 해양 바닥에 쌓이고 있다.

허턴에겐 이 과정이 매우매우 긴 시간 동안 일어났을 것이란 사실은 너무도 명확했으며, 그 결과 지구의 나이 또한 극도로 많을 것이 분명했다. 그러나 그것은 그가 배웠던 것과는 완전히 달랐다. 유럽에선, 지구와 지표가 어떻게 형성되었는지에 대한 권위있는 근거는 성서에 있었는데, 몇몇 철학자들은 성서 속의 증거를 가지고 지구의 나이를 약 6000년 정도라고 계산하였다.

지구의 탄생에 대하여 가장 정확한 날짜를 언급한 사람은 영국의 주교인 제임스 어서이다. 1654년, 그는 신이 세계를 창조한 날로 기원전 4004년 10월 22일 저녁이라고 조심스럽게 밝혔다. 게다가 성경에는 신이 지구를 이렇게 만들지 않았다고 되어 있다. 그 시절에 살던 지질학자들은 자연 속의 퇴적암들은 성서에 나와 있는 대로 홍수(노아의 방주) 때 만들어졌다고 생각했다. 퇴적암뿐만 아니라 작은 결정들도 그때 만들어졌다고 생각했다.

## 뒤집힌 생각

허턴은 자신의 생각에 대해 논란이 많을 것이란 점을 알았기 때문에 자신의 이론을 뒷받침해 줄 더 많은 증거를 찾았다. 그는 한때 분명히 녹은 적이 있었던 암석 옆이나 또는 퇴적층 내부에서도 표본을 찾아냈다. 그리고 접혀서 포개지고 침식된 용해 암석 위에 퇴적암이 놓여 있는 장소를 발견했다. 그것이 불과 수천 년 안에 이루어질 수는 없었다.

1788년 그는 《지구 이론, Theory of the Earth》이라는 그의 책을 통해 자신의 생각을 발표했는데, 이 생각을 받아들이는 사람은 거의 없었다.

그러나 그가 사망한 후, 그의 친구인 스코틀랜드의 과학자 존 플레이어가 《허턴 지구 이론 해설(1802)》을 펴냈는데, 허턴의 생각을 좀 더 알기 쉽게 설명하였다. 그 결과 1830년대를 거치면서 허턴의 통찰력 있는 생각은 폭넓게 받아들여졌다.

허턴은 바다 아래에서 만들어진 커다란 퇴적암들이 어떻게 땅 위에서 발견되는지 궁금했다. 그리고 이것이 그의 머리를 두드렸다.

## 허턴의 부정합

위를 향해 기울어진 오래된 지층 위에 나중에 생성된 퇴적암층이 놓여 있음.

라부아지에의 유명한 화학책,
《화학의 원소에 관한 논문》, 1789년

# 작은 알갱이

## 모든 것은 원자로 구성되었다는 것을 알아보자

**함께 탐구할 과학자들**

**앙투안 라부아지에 :** 스타 화학자

**루이지 갈바니 :** 개구리 다리 실험

**알레산드로 볼타 :** 최초로 전지 발명

**조셉 프루스트 :** 화학 혼합물 연구

**존 돌턴 :** 원소의 무게 측정

유리그릇에서 답을 찾고 있는 존 돌턴

제임스 허턴이 지구의 형성에 대한 그의 이론을 사람들에게 확신시키려고 비지땀을 흘리고 있을 때, 프랑스 화학자 앙투안 라부아지에도 역시 세계 최초의 화학 교과서를 집필하느라 바빴다. 그 책이 담고 있는 가장 중요한 생각은 화학 반응은 물질을 없애거나 창조하지 않는다는 것이다. 이 생각은 필연적으로 다음과 같은 결론에 이른다: 물질은 실제로 작은 입자들로 이루어져 있다.

라부아지에의 책에 있는 이 거대한 생각은 '질량 보존의 법칙'이라고 불린다. '질량'이란 용어는 '물질의 양'을 의미하고 무게를 달아서 측정할 수 있다. 라부아지에는 그의 실험에 쓰이는 모든 물질의 무게를 반복하여 측정하였고, 그가 관찰한 모든 화학 반응에서 물질의 양(질량)은 반응 후나 전이나 같다는 것, 즉 보존된다는 것을 발견하였다. 이것은 화학 반응은 단순히 포함된 물질들의 결합과 분리라는 그의 발견과 완벽하게 맞아떨어졌다. 예를 들어 수소 원소가 산소 원소와 반응하여 화합물인 물을 만드는 반응처럼 어떤 물질도 새로이 만들어지거나 사라지지 않는다.

이러한 생각을 극적으로 확인하는 과정에서, 1800년대 잉글랜드와 독일의 과학자들은 새로운 발명품인 전지를 사용하여 물을 성공적으로 성분 원소인 수소와 산소로 분해했다.

# 전 지
## (electric battery)

1780년대에 이탈리아의 과학자인 루이지 갈바니는 전기가 죽은 개구리의 다리에 경련을 일으킬 수 있다는 것을 발견하였다. 그는 많은 실험을 하였는데, 그 실험 중 한번은 전기를 사용하지 않았다. - 갈바니가 단지 두 개의 서로 다른 종류의 금속을 개구리의 다리에 대기만 해도 개구리 다리가 경련을 일으켰다. 이탈리아의 또 다른 과학자인 알레산드로 볼타는 전기가 서로 다른 두 금속 사이를 흘러간다고 추측하였다. 이것을 증명하기 위하여 1799년에 그는 구리와 아연의 원반형 조각 사이에 젖은 종이를 끼워 넣어 분리한 후, 여러 개를 차례로 쌓아올렸다. 두 금속 사이에 일정한 전류가 계속 흘렀다. - 볼타가 세계 최초로 전지를 만든 것이다.

다른 과학자들도 곧 이어서 전지를 사용하여 다른 원소들을 분리해 냈는데, 특히 험프리 데이비는 이 방법으로 칼륨, 나트륨, 칼슘, 마그네슘을 발견했다.

### 원소로서의 기체

라부아지에 이전의 과학자들이 질량 보존을 실제로 알아차리지 못한 이유는 많은 화학 반응들이 기체를 포함하고 있었기 때문이다. 만약 반응하는 동안 공기 중으로 기체가 날아가 버린다면, 고체나 액체의 무게는 감소할 것이다. 만약 반응 도중 공기 중에서 기체가 흡수된다면, 고체나 액체의 무게는 증가할 것이다. 그런데 라부아지에는 기체가 공기 중으로 빠져나가지 않도록, 화학 반응을 밀봉된 관에서 실시하였다. 새로운 '공기'들을 설명하기 위하여 라부아지에는 '기체'(프랑스어로는 gaz)라는 용어를 사용하기 시작하였다.

볼타의 전퇴:
젖은 종이에
의해 분리된
아연과 구리
원반들이
쌓여 있고,
유리 막대가
지탱해 주고 있다.

# 돌턴이 그린

몇 가지 원소의 원자들,
추정된 원자량이 표시되어 있다.

**ELEMENTS**

| | | Wts | | | Wts |
|---|---|---|---|---|---|
| ⊙ | Hydrogen | 1 | ⊕ | Strontian | 46 |
| ⊖ | Azote | 5 | ✳ | Barytes | 68 |
| ⬤ | Carbon | 54 | Ⓘ | Iron | 50 |
| ◯ | Oxygen | 7 | Ⓩ | Zinc | 56 |
| ⊗ | Phosphorus | 9 | Ⓒ | Copper | 56 |
| ⊕ | Sulphur | 13 | Ⓛ | Lead | 90 |
| ◉ | Magnesia | 20 | Ⓢ | Silver | 190 |
| ⊗ | Lime | 24 | Ⓖ | Gold | 190 |
| ⊖ | Soda | 28 | Ⓟ | Platina | 190 |
| ⊜ | Potash | 42 | ⊛ | Mercury | 167 |

이로 말미암아 과학자들은 기체를 고체나 액체와 동등한 지위를 가진 물질로 생각하게 되었다.

라부아지에의 발견은 혁명적이었고, 사람들을 일깨워 주었다. 그들 중 하나가 프랑스 화학자인 조셉 프루스트였다. 1799년에서 1803년 사이에, 프루스트는 어떤 화합물이든지 언제나 구성 원소들의 질량 비율이 같다는 것을 발견하였다. 예를 들어 모든 산화주석 100g은 88g의 주석과 12g의 산소로 이루어졌고, 모든 100g의 황화철은 64g의 철과 36g의 황으로 이루어져 있다. 즉 화합물에 포함된 원소들의 질량은 언제나 같은 비율을 이루고 있다. 놀랍고도 아주 단순한 사실이 프루스트의 눈앞에 있었지만, 그는 물질이 작은 입자로 이루어져 있다는 사실을 알아차리지 못했다.

**모든 물분자 (H₂O)는 3개의 원자로 구성되어 있다: 2개의 수소, H₂, 1개의 산소, O. 돌턴은 1개의 수소와 1개의 산소로 구성되어 있다고 생각하였다.**

## 물질의 질량 측정하기

'화합물이 일정 성분비를 이룬다는 것과 물질이 입자로 이루어져 있다는 것'을 연결시키는 것은 잉글랜드의 화학자 존 돌턴의 몫이 되었다. 돌턴은 물질이 작은 입자인 원자들로 이루어졌다는 생각을 신봉하는 사람이었다. 그는 서로 다른 원소들은 서로 다른 원자들로 이루어져 있다고 주장하였고, 원소들이 화합물을 만들 때, 한 원소의 원자들이 다른 원소의 원자들과 결합하여 개별적인 덩어리가 되는데, 그는 이것을 '복합 원자'라고 불렀다(오늘날에는 분자라고 부른다). 그러므로 그는 물의 복합 원자는 수소 원자 한 개와 산소 원자 한 개가 결합한 것이라고 주장하였다(오늘날에는 물 분자가 실제로는 두 개의 수소 원자와 한 개의 산소 원자로 만들어졌다는 것을 알고 있다). 결정적으로 돌턴은 서로 다른 원소들의 원자들은 서로 다른 질량을 갖고 있음을 깨달았다. 예를 들어 철 원자는 황 원자보다 무겁고, 산소 원자는 수소 원자보다 무겁다는 것이다. 그리고 그가 옳았다는 것이 밝혀졌다. 이러한 설명이 왜 중요한 발전이었는지 알아보기 위하여, 1kg의 빨간 공과 2kg의 파란 공을 결합하여 3kg의 '복합 공'을 만든다고 상상해 보자. 이 복합공 100개의 질량은 300kg이 나갈 것이고, 100kg의 빨간 공과 200kg의 파란 공으로 이루어져 있을 것이다. 그리고 아무리 많은 복합 공을 가지고 있더라도 빨간 공과 파란 공의 질량비는 언제나 같을 것이다. 이것을 원자와 화합물에 적용하면, 프루스트가 발견한 바로 그것과 같다. 갑자기 화학 반응이 완벽하게 이해되었다.

1808년에, 돌턴은 그의 이론을 《화학 철학의 새로운 체계, A New System of Chemical Philosophy》라는 책으로 펴냈다. 그리고 물질이 작은 입자들로 이루어져 있다는 생각은 그 이전보다 더욱더 확고해지고 일반화되었다.

# 전기와 자기의 연관성

## 두 개의 힘은 어떻게 하나가 될까?

**함께 탐구할 과학자들**

**한스 크리스티안 외르스테드** : 전류의 자기 작용 효과 발견
**안드레 앙페르** : 전자기력 측정
**조지프 헨리** : 거대한 전자석 제조
**마이클 패러데이** : 최초로 전기 모터 제조

**1820**년 4월 21일, 덴마크 물리학 교수 외르스테드는 그의 학생들에게 전기에 대한 개별지도를 하고 있었다. 강의 중에 외르스테드는 놀랄 만한 발견을 했다. 그가 전지에 전선을 연결한 순간 바로 옆에 있던 나침반 바늘이 휙 움직인 것이다. 외르스테드 발견은 전기와 자기가 어떤 식으로든 연관되었음을 보여주었다. 그리고 그것은 자연의 힘을 '통합'하기 위한 새로운 시도에 불을 붙였다.

외르스테드가 사용한 것과 같은 나침반은 자유롭게 회전하고, 지구 자기력에 대해 남북으로 나란히 정렬하는 자화된 바늘이다. 나침반은 항해에 유용하기 때문에 이미 11세기에 중국 선원들에 의해 사용되어 왔다.

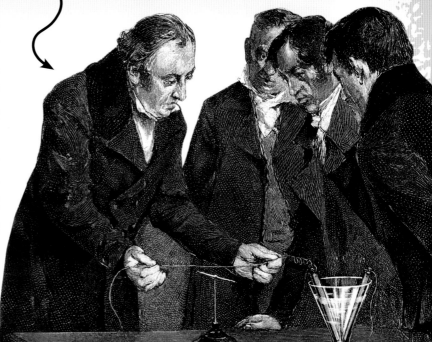

봐, 손대지 않았어! 외르스테드는 전류를 이용하여 나침반을 움직였다.

윌리엄 길버트는 1590년대 그의 실험에 나침반을 사용했고, 과학자들도 이전부터 자기력 연구를 위해 사용해 왔다. 그러나 그들은 전기 실험에 나침반을 사용한 적은 전혀 없었다.

## 전자기력에 대한 연구

외르스테드가 논문에서 그의 발견을 설명하자, 그 소식은 전 유럽에 빠르게 퍼졌고, 이 새로운 연구 분야는 빠르게 진전을 보였다. 2달이 못되어, 프랑스 물리학자 앙페르는 〈전기 역학〉이란 주제의 과학 논문을 썼다. 이는 오늘날 전자기로 더 잘 알려져 있다.

앙페르는 외르스테드의 나침반 바늘이 갑자기 움직인 것은 전선을 흐르는 전류가 자기력을 만들었기 때문임을 알아차렸다. 그는 만약 두 개의 전선을 서로 가까이 놓고 전류를 흐르게 했을 때 무슨 일이 일어날지 궁금했다. 그는 두 전선이 마치 자석인 것처럼 밀고 당긴다는 것을 발견하였다. 또 전선을 흐르는 전류의 세기와 방향을 변화시켜 이 힘의 세기와 방향도 조절할 수 있었다. 앙페르는 계속해서 아이작 뉴턴이 중력과 운동에 대해 했던 것처럼 전자기력을 표현하고 예측할 수 있는 정확한 수학법칙을 발견하였다.

주욱 선원의 나침반

또한 앙페르는 코일 모양으로 전선을 감으면 자석 효과가 더욱더 강해진다는 것도 알았다. 그는 이 코일을 '솔레노이드'라 불렀고, 보통의 막대자석 역할을 하는 것을 알았다. 앙페르의 통찰력은 전류의 세기를 측정하는 장치인 검류계의 발명으로 이어졌다. 전류의 단위인 '암페어'는 그의 이름을 딴 것이다.

## 전자기력의 활용

1년 만에, 영국 물리학자이자 화학자인 패러데이는 전자기력을 동력으로 이용하는 세계 최초의 전기 모터를 만들었다. 그것은 수은 그릇 속에 매달린 전선과 그 중심에 자석으로 구성되어 있다. 패러데이가 전선과 수은에 전지를 연결하는 순간 완전한 회로가 되어 전류는 전선으로 흐르고, 이때 생긴 전자기력은 전선이 자석 주위를 계속 움직이게 하였다. 그 후 1832년, 영국 물리학자 스터전은 기계를 움직일 수 있는 모터를 만들기 위해 이 원리를 응용하였다.

1824년, 스터전은 철막대를 '중심'으로 전선을 코일처럼 감으면 더 강한 앙페르의 솔레노이드를 만들 수 있음을 알았다. 스터전은 처음으로 '전자석'을 만들었다.

1820년대 말, 미국의 물리학자 헨리가 1톤 무게를 들 수 있는 큰 전자석을 만들었다. 오늘날 전자석은 스피커에서 입자 가속기까지 수많은 다양한 장비에 사용되고 있음을 알 수 있다.

1831년, 패러데이는 전기가 자기를 만들 뿐만 아니라 자기도 전기를 만든다는 놀랄 만한 발견을 했다. 그는 전선, 즉 코일 속으로 자석을 왕복으로 움직일 때마다 전선에 전류를 생성할 수 있음을 발견했다. 이 현상은 전선을 움직이거나 자석을 움직임에 상관없이 그 결과는 같았다.

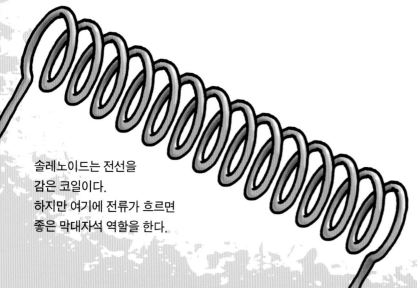

솔레노이드는 전선을
감은 코일이다.
하지만 여기에 전류가 흐르면
좋은 막대자석 역할을 한다.

# 조지프 헨리의
## 거대한 전자석이
## 많은 사람을 들어 올렸다.

이것은 전선과 자석의 상대적인 운동으로 전력을 생산하는 발전기의 개발로 이어졌다. 오늘날 다양한 종류의 발전기가 대부분의 가정으로 지속해서 전력을 공급하고 있다.

패러데이는 한 개의 철심 둘레에 두 개의 코일을 감았다. 그리고 한쪽 전류를 변화시키면 다른 코일에 전류를 '유도'할 수 있음을 알았다. 한쪽 코일이 철심에 자기를 만들면 이 자기력이 다른 코일에 전기를 만든다. 이것은 현대 전기 공급의 필수적인 역할을 하는 변압기의 전신이었다.

이 전자기력의 발견은 두 힘을 '통합'하였다. 또 전기와 자기 유체의 존재를 의심하게 되었다. 결과적으로 과학자들은 자연계 모든 힘을 통합하려는 노력을 시작했다. 그들은 모든 것을 설명할 수 있는 간단한 '통일된' 이론을 발견하기를 원했다. 그리고 1840년대에 그들은 알아냈다.

실험실에서 실험 중인 마이클 패러데이(아래)와 그가 전자기 실험용으로 감은 다양한 코일들(오른쪽)

# 에너지를 얻으려면?

## 통합 이론을 발견해 보자

**함께 탐구할 과학자들**

벤자민 톰슨 : 운동에서 열을 감지
사디 카르노 : 원동력 발견
제임스 줄 : 에너지 형태의 변화

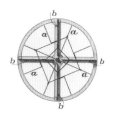

'열소가 하락하면,
따뜻한 물체와 찬 물체
사이의 온도 차만큼
분명히 동력은 증가한다.'
사디 카르노, 1824년

전지들을 실험한 연구에서 과학자들은 전기가 자기뿐 아니라 빛과 열까지도 만들어 낼 수 있다는 것을 발견했다. 이것은 어떤 면에서 자연에 존재하는 여러 힘들도 서로 긴밀하게 연관되어 있음을 보여주었다. 이것들을 에너지 개념으로 모두 통합하려는 생각은 열에 관한 실험을 통해 결정적으로 발전하였다.

1820년대에 프랑스 물리학자 사디 카르노는 열을 연구하기 시작했다. 대부분의 과학자처럼 카르노는 열을 열소(라브와지에가 이름 붙임)라는 유체로 생각했다. 특별히 카르노는 그 시대의 경이로운 증기기관에서 열의 역할에 관해 깊이 생각했다. 증기기관의 중심부에 큰 금속 실린더가 있다. 그 실린더 안에는 피스톤이 있어서 앞뒤로 움직이면서 펌프나 다른 기계를 작동시킨다.

이 실린더에 증기가 들어오면, 증기는 열을 잃고 물로 응축된다. 그러면 피스톤 한쪽이 부분적으로 진공이 되고, 피스톤의 다른 쪽의 증기가 피스톤을 다시 뒤로 밀어낸다. 카르노는 열은 일을 할 수 있도록 만들어지고, 또한 엔진은 열을 잃은 증기에 의해 작동한다는 것을 깨달았다. 카르노는 떨어지는 물이 물레방아를 돌릴 수 있듯이 온도 하강 역시 물체를 움직이게 할 수 있다는 것을 관찰했다. 물과 열은 둘 다 물체를 움직이게 하는 동력을 갖고 있는 것이다.

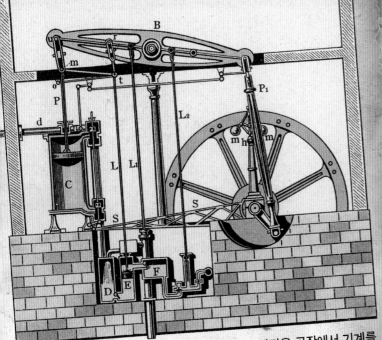

오른쪽 링크(link)와 크랭크(crank)가 부착된 증기 엔진은 공장에서 기계를 작동시키는 것 같은 유용한 일을 할 수 있다. C로 표시된 장치가 실린더.

그날(포신에 손을 대어 보았다가 손이 뜨겁다는 것을 알게 된) 이후로 톰슨은 그의 실험에서 손을 가까이 대지 않았다.

탱크 안의 물에는 노가 달린 바퀴들이 있는데, 그 바퀴들은 추가 떨어지면 작동되는 도르래에 의해서 돌려진다. 노가 달린 바퀴가 돌아감으로써 그 장치는 물을 매우 조금씩 데운다. 떨어지는 추에 의해서 행해진 일은 물속에서 열로 전환된다. 줄은 떨어뜨리는 추의 무게를 다르게 하고 떨어뜨리는 높이를 다르게 하면서 실험을 계속했다. 그리고 '열의 일당량'(1cal 열에 해당하는 같은 양의 역학적인 일의 양)이 항상 같다는 것을 발견했다. 다른 말로 표현하면, 일정한 양의 역학적 일은 항상 같은 양의 열을 생산한다는 것이다.

## 뜨거운 일

열이 동력을 갖고 있다는 카르노의 관찰이 에너지에 관한 생각을 발전시키는데 매우 결정적인 역할을 했다. 열과 운동 사이의 관계가 서로 역으로 작동한다는 사실(일도 열을 만들어 낼 수 있다는 사실)도 똑같이 중요했다.

1790년대에 미국의 과학자이자 발명가인 벤자민 톰슨은 기계공이 대포의 몸통에 구멍을 뚫을 때마다 겉보기에 무한한 양의 열이 발생하는 것에 주목했다. 그는 드릴의 운동이 대포를 이루고 있는 미세한 입자를 변형시킨다고 생각했다. 그리고 이때 생기는 열은 이 입자들의 운동이라고 생각했다.

1830년대에 잉글랜드의 물리학자 제임스 줄은 다양한 상황에서 만들어진 열을 측정함으로써 일과 열 사이의 관계를 탐구하는 일에 착수했다. 줄의 가장 중요하고 정밀한 측정은 물을 채운 단열된 탱크를 사용하여 완성되었다.

45

역학적인 일, 말하자면 전기나 열에 상응하는 것은 '에너지'로 알려졌다. 일을 할 수 있는 잠재력을 가진 물체(줄의 장치에서 떨어지기 전의 추처럼)는 '위치 에너지'를 가졌다고 말하게 되었다. 줄은 에너지가 한 형태에서 다른 형태로 바뀔 때, 에너지를 추적해 내는 것이 가능하다는 것을 보여줬다. 다음 순서로 그 에너지에 대한 생각이 하나의 통합된 개념으로 자연계의 다양한 힘들을 연결했다.

또한, 에너지가 질량처럼 틀림없이 보존된다는 것도 명백했다. 에너지는 새로이 창조될 수도 없고, 파괴되어 사라질 수도 없다. 에너지는 단지 한 형태에서 다른 형태로 변화될 뿐이지 우주 안에 고정된 양이 존재한다. 이것은 심오한 생각이었다.

## 열역학과 입자

1850년대에, 에너지가 보존된다는 그 생각은 열역학이라 불리는 새로운 과학 분야의 첫 번째 법칙이 되었다. 열역학에서 중심 생각은 온도가 물질을 이루는 작은 입자의 운동에 직접적으로 관련이 있다는 것이다. 물체를 이루는 입자가 평균적으로 더 빨리 운동할수록 그 물체의 온도는 더 높다. 열은 물체를 이루고 있는 입자로 에너지가 이동한 것이다. 그래서 플라스크의 물로 열이 이동하면 물 입자의 운동 속도가 증가한다. 그러면 물의 온도가 올라간다.

그러나 일단 물이 끓는 점에 도달하면, 가해진 어떤 여분의 열이라도 모두 액체 상태로 결합된 물 분자 간의 힘을 깨서 기체 상태로 물 분자를 바꾸는 방향으로 사용된다. 이 생각으로 인해 과학자들은 기체가 높은 속도로 주변을 날아다니는 입자로 이루어져 있다는 것을 깨닫게 되었다. 이것은 이미 100년도 훨씬 전에 베르누이에 의해 제시된 사실이었다.

열은 에너지의 한 형태이다. 그것은 일을 할 수 있다. 물이 끓을 때, 열은 물 분자에게 일을 한다. 열은 물 분자를 수증기로 만들기 위해서 물 분자를 분해한다.

제임스 줄, 자신이 만든 노가 달린 바퀴. 아래: 떨어지는 추의 에너지에 의해서 작동되는 움직이는 바퀴

Fig. 2.

Fig. 3.

# 생각의 진화

## 생물의 종은 어떻게 생겨나고 사라지는지 알아보자

### 함께 탐구할 과학자들

**카롤루스 린네 :** 식물과 동물의 분류 체계

**찰스 다윈 :** 자연선택설

에너지 개념은 과학에서 가장 중요한 기본 개념 중의 하나가 되었다. 그리고 곧 이어, 1860년대에 또 하나의 중요한 생각이 과학의 세계 - 살아 있는 것들을 연구하는 이 시기의 생물학의 세계 - 를 흔들었다. 영국의 자연과학자 찰스 다윈에 의해 이론이 세워졌는데, 그것은 자연선택설이었다.

다윈의 이론은 식물과 동물이 어떻게 오랜 기간 동안 발달 혹은 진화됐는지에 대한 강력한 설명을 제공했다. 이러한 생각은 초기의 과학자 몇 명도 가지고 있었지만, 그 시대의 신앙에 영향을 많이 받은 것이었다. 그 시대적 믿음은 성서적인 자연관에 기인한 것이었는데 하느님이 세상을, 그리고 식물과 동물을 창조했으며 그때 이후로 그들은 조금도 바뀌지 않았다는 것이다.

1700년대의 생물학자들은 린네처럼 식물과 동물을 분류할 수 있었다. 그러나 이해하려고 하지는 않았다.

## 자연의 질서를 찾아내다

생물학은 과학적인 방법의 혜택을 조금 늦게 받았다. 그 주된 이유는 생물체가 무생물체보다 훨씬 더 복잡하게 보였기 때문이다. 식물과 동물의 성장과 움직임은 뉴턴의 운동 법칙으로 미리 예견할 수 없었다. 그리고 과학적인 실험으로는 생물체가 어떻게 작동하는지에 대한 이해를 거의 할 수 없었다. 해부학자들은 몸체를 잘라서 연구했으나, 몸체 내부에서 어떤 작동이 일어나는지는 거의 알 수 없었다. 결과적으로 의학은 자연과학이 아니라 주로 미신, 짐작, 연금술에 의존했다.

그러나 18세기에 과학자들은 식물과 동물을 좀 더 체계적으로 연구하기 시작했다. 1750년대에 덴마크 식물학자 린네는 과학자들이 어떤 언어를 사용해서 작업을 하더라도 라틴명을 사용하면 그것이 같은 종임을 알 수 있게 하는 분류 체계를 사용해서 자연의 엄청난 다양성을 이해하게 되었다. 그리고 19세기 중엽 현미경의 발달, 화학에 대한 이해, 과학자들 사이의 의사소통은 생물학의 과학적인 연구에 속도를 내게 했다.

## 증가하는 변화들

1831년에 대학을 마치자마자 찰스 다윈은 과학적 탐험을 하는 자연과학자로서 비이글호를 타고 세계 일주를 하였다. 항해하는 동안 다윈은 스코틀랜드 지질학자 찰스 라이엘의 책을 읽었다. 그 책은 수백만 년 동안 육지가 어떻게 바뀌어왔는지에 대한 제임스 허턴의 이론을 설명하는 것이었다. 여행을 하면서 다윈은 허턴의 이론을 뒷받침하는 많은 증거를 관찰했다.

예를 들어 칠레에서 지진이 발생하여 땅이 수미터 이동하는 것을 경험했다. 식물과 동물을 수집하고 분류하는 5년의 여행 기간에 여러 다른 종들이 얼마나 그들의 환경에 잘 적응되어 왔는지를 보고 충격을 받았다. 일단 그는 그가 세계를 돌면서 본 적응 사례들과 잉글랜드의 농부나 사육사가 식물이나 동물의 특성을 변화시킬 수 있는 방법들을 연관지어 생각해 보았다.

HMS 비이글호는 남아메리카의 해안에 정박했다.

예를 들면 비둘기 사육사들은 짝짓기 위한 특별한 새들을 조심스럽게 선택함으로써 여러 다른 색깔, 모양, 크기의 새들을 생산해 낼 수 있다.

다윈은 야생의 종들도 '자연선택'에 의해 역시 변한다는 것을 깨달았다. 그는 임의의 조그만 변화들 - 돌연변이 - 이 식물이나 동물의 재생산에서 우연히 일어났고 이러한 돌연변이가 후손의 특성을 조금씩 변화시킨다고 설명했다. 생존의 기회를 증진시키는 돌연변이는 다음 세대로 이어진다. 이 생각은 식물이나 동물들이 왜 그들의 환경에 잘 적응되어 있는가를 잘 설명한다. 환경의 변화나 생물체가 다른 환경으로 이동할 경우, 어떤 돌연변이들은 생물체가 그 환경에 더 잘 적응하게 해주며 더 잘 전해진다.

다윈에게 있어서 남아메리카의 정글보다 그의 삶을 사로잡는 더 좋은 장소가 어디 있을까?

## 논란의 여지가 있는 이론

1840년대와 1850년대에, 다윈은 수백 개의 실험을 했다. 대부분은 그의 정원에 있는 식물에 관한 것이었다. 다윈은 수백만 년에 걸쳐 종이 진화하는 것을 관찰할 수는 없었지만 그의 이론을 뒷받침하는 많은 증거를 찾아냈다. 자신의 이론과 모순되는 것은 거의 없었다.

다윈의 이론은 혁명적이었으나 반박할 수 없는 관찰과 실험들로 잘 뒷받침되어 있었다. 린네의 분류 체계는 자연과학자들이 동물과 식물이 어떻게 서로서로 관련되어 있는가를 생각하게 해주는 데 도움을 주었다. 해부학자들은 다른 동물들 사이에서 유사성을 입증했다 : 화석은 이제 더는 존재하지 않는 식물과 동물 종들을 드러내 주었다. 다윈의 이론은 그 모든 것을 이해하게 해주었다.

다윈은 《자연선택에 의한 종의 기원》이란 책에서 그의 생각을 밝혔고 1859년에 출간했다. 그는 그것이 특별히 종교적인 사람들 사이에서 논란의 여지가 있을 것이라는 것을 알았으며, 실제로 그랬다. 다윈 이론에 대한 비난 중 하나는 돌연변이가 일어나는 메커니즘을 그가 제시하지 못했다는 것이었다. 50년이 지난 후에야 과학자들은 그 메커니즘과 더불어 한 세대에서 다음 세대로 어떻게 특성이 이어져 오는지를 알아내기 시작했다.

오랜 기간이 지나면, 작은 돌연변이들이 결과적으로 완전히 새로운 종을 만들게 된다.

1836년 다윈은 만약 그의 이론이 옳다면, 어떤 종들은 완전히 멸종되었을 것이고, 어떤 종들은 변화하거나 또 다른 종들은 두 종류로 갈라질 수도 있었을 것이라고 결론을 지었다. 그는 모든 살아 있는 것들은 같은 계통수*의 일부라는 것을 알기 시작했다. 가령 시간상으로 충분히 거슬러 올라가 보면, 모든 물고기는 수백만 년 전에 살았던 하나의 조상에서 유래했다는 것을 알게 될 것이다. 똑같이 포유류, 파충류, 조류, 곤충류, 그리고 식물들에도 마찬가지일 것이다. 훨씬 멀리 거슬러 올라가면 모든 살아있는 것은 하나의 종에서부터 유래했을지도 모른다는 것을 알게 될 것이다.

다윈은 계속 자라나는 나무의 새로운 가지들처럼 새로운 종을 생각함으로써 진화를 이해하게 되었다.

* 계통수 : 동물이나 식물의 각 종류를 진화해 온 차례대로 닮은 관계를 그렸을 때 나타나는 나뭇가지 모양의 그림

# 빛

## 빛의 본질을 탐구해 보자

**함께 탐구할 과학자들**
**토마스 영 :** 빛의 파동설
**이폴리트 피조 :** 빛의 속도 측정
**마이클 패러데이 :** 빛과 자기력의 관계 실험
**제임스 클럭 맥스웰 :** 수학에서 답을 발견

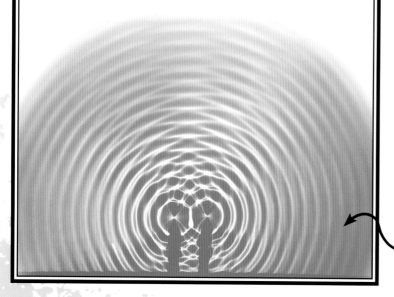

다윈이 진화론을 발표하고 몇 년 후에 스코틀랜드의 물리학자 맥스웰이 빛의 본질에 관한 중대한 발견을 하였다. 놀랍게도 빛이 전기 및 자기와 밀접하게 관련되어 있다는 것이 밝혀졌다.

과학자들은 오랫동안 빛의 본질에 대해 논쟁해 왔다. 예를 들면 뉴턴은 빛은 작은 입자들의 흐름이라고 생각했지만, 17세기 네덜란드의 물리학자 호이겐스는 빛은 연못 표면에서 일어나는 물결과 더 유사하다는 의견을 내놨다. 19세기에, 잉글랜드의 물리학자 토마스 영이 했던 일련의 실험에서 물결파가 빛과 같은 움직임을 보이자, 파동설이 더욱 일반화되었다.

### 빛과 스펙트럼

뉴턴은 백색광이 빨강에서 노랑을 지나 초록에서 보라에 이르는 여러 가지 색의 띠(스펙트럼)으로 이루어져 있음을 밝혀냈다. 파동설에 따르면, 스펙트럼의 각 색은 서로 진동수 - 파동이 진동하는 속도 - 가 다르다. 이것은 음파가 진동수에 따라 음의 높낮이 - 고음과 저음 - 이 달라지는 것과 비슷하다.

그 후 1800년에, 천문학자 윌리엄 허셜이 스

물결의 움직임이 빛의 파동과 비슷하다.

태양광 스펙트럼의 색들이 가시광선이고, 빨간색 밖이 적외선, 보라색 밖이 자외선이다.

펙트럼의 빨간색 바로 바깥에 놓아두었던 온도계의 눈금이 조금 올라간 것을 보고, 눈에 보이지 않는 빛 때문일 것이라는 의견을 내놓자, 과학자들은 이 보이지 않는 빛이 빨간색보다 진동수가 낮을 것이라고 추정하였다. 오늘날 우리는 이것을 적외선이라고 부른다. 1년 뒤에, 허셜로부터 영감을 받은 독일의 물리학자 요한 리터가 감광 화학약품을 사용하여 파란색 스펙트럼 바깥쪽의 파란색보다 진동수가 더 높은 보이지 않는 빛을 검출하였다. 오늘날 우리는 이 보이지 않는 빛을 자외선이라고 부른다.

## 빛의 속도

빛의 본질이 무엇이든지 - 입자이든지 또는 파동이든지 - 과학자들은 어쨌든 빛의 속도를 측정하려고 애썼다. 오래전부터 빛이 매우 빠르다는 것은 확실했다. 어떤 사람들은 빛의 속도가 무한대일 수도 있다고 생각했다. 처음으로 빛의 속도를 실제적으로 추정한 것은 18세기에 천문학적 관측을 통해서였다. 그리고 1849년, 프랑스의 물리학자 이폴리트 피조가 처음으로 지상에서 정확하게 빛의 속도를 측정하였다.

피조는 빠르게 회전하는 톱니바퀴 뒤에 광원을 설치하고, 8km 떨어진 곳에 광원과 일직선이 되도록 거울을 놓아두었다. 바퀴 가장자리의 틈을 통과한 빛은 톱니에 의해 잘게 나뉘어져 깜빡이게 된다. 그 깜빡이는 빛은 눈 깜빡할 시간도 안 되어 맞은편 거울에 반사되어 다시

마침내 피조는 돌아오는 빛을 보고 광속을 측정하였다. 그의 조수는 눈을 깜빡이다 놓쳤다.

장치로 되돌아온다. 톱니바퀴가 특정한 속력이 되면 빛은 바로 다음 톱니 사이의 틈으로 되돌아오게 되는데, 그때만 피조가 되돌아오는 빛을 볼 수 있었다. 톱니바퀴의 속도와 톱니 사이의 거리로부터 피조는 빛의 속도를 계산해 낼 수 있었다. 그의 계산 결과는 실제값에 아주 가까웠다. 빛의 실제 속도는 초속 30만km보다 아주 조금 느리다.

패러데이는 자석과 전하에 의해 영향 받는 영역을 나타내기 위해 '장(field)'이라는 새로운 용어를 만들고, 보이지 않는 역선(자기력선과 전기력선)을 쇳가루를 이용하여 보여주었다.

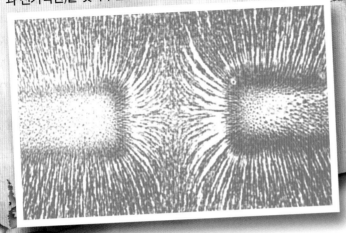

## 빛과 자기력

1845년, 패러데이는 빛이 자기력에 의해 영향을 받는다는 것을 보여주는 복잡한 실험을 하였다. 자연계의 힘들은 더 통합되고 있었지만, 과학자들은 어떻게 자기력이 빛에 영향을 줄 수 있는지 이해할 수 없었다. 같은 해에 패러데이는 자석과 전기를 띤 물체 주변에 힘이 미치는 영역을 설명하기 위하여 '장(field)'이라는 새로운 용어를 도입하였다. 패러데이는 뛰어난 실용 과학자였지만, 수학은 잘 못해서 전기장과 자기장, 그리고 둘 사이의 상호작용을 설명하고 예측하는 방정식을 만들 수는 없었다. 그 도전은 스코틀랜드의 물리학자 제임스 클럭 맥스웰의 몫이었다.

1861년, 맥스웰은 전기력과 자기력의 상호작용에 대해 알려진 모든 것들을 4개의 '장 방정식'으로 요약하였다. 더욱 대단한 것은, 1864년에 그는 4개의 방정식을 단 하나의 방정식으로 결합하였다 - 그리고 단번에 그가 구한 방정식이 어떤 종류인지 알아보았다. 그것은 일종의 파동방정식이었다. 그 방정식이 나타내는 파동의 속력을 계산하자, 정확하게 빛의 속도와 일치했다. 맥스웰은 모든 종류의 빛이 상호 전파하는 전기장과 자기장의 결합으로

이루어져 있음을 보여주었다.

전기장이 자기장을 만들고, 그 자기장은 다시 전기장을 만들어 내는 것이 계속 반복된다. 이것은 거의 순식간에 일어나 빛은 어마어마한 속도로 달리게 된다.

## 또 다른 발견

맥스웰의 방정식을 통해 더 많은 것들이 밝혀졌다: 그 방정식에 따르면, 적외선보다 진동수가 더 낮거나, 자외선보다 진동수가 더 높은 다른 형태의 전자기파가 존재할 수 있었다. 1887년, 독일의 물리학자 하인리히 헤르츠는 낮은 진동수의 전자기파인 전파(라디오파)를 발견하였다. 다시 15년 안에 과학자들은 두 종류의 높은 진동수의 전자기파인 X-선(1895년)과 γ-선(1900년)을 발견했다. 그래서 모든 전자기파는 진동수만 다를 뿐 모두 똑같다는 것이 밝혀졌다.

전기장

자기장

진행 방향

전자기파의 설명. 전기장과 자기장이 서로 직각이다.

전기 변위의 방향은 자기 교란과 직각이고, 이 둘은 빛의 방향과 직각이다.
제임스 맥스웰, 1864년

# 원소
## 체계

### 화학에서 숨겨진 패턴을 찾아보자

**함께 탐구할 과학자들**

**구스타브 키르히호프, 로베르트 분젠** : 분광학 발명자

**존 뉴랜즈** : 원소의 반복되는 순서를 알아냄

**드미트리 멘델레예프** : 주기율표 창시자

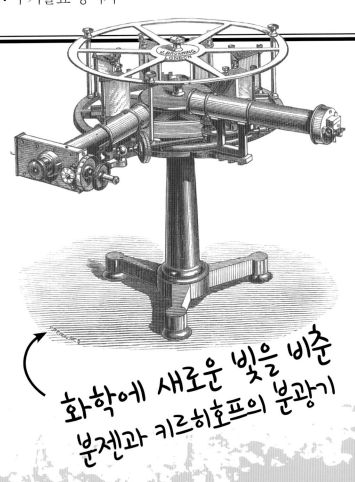

에너지, 진화, 전자기파에 대한 새로운 이론들은 비약적으로 발전했다. 곧이어 화학 분야에서도 미지의 진실들이 명확해지고, 러시아의 화학자 드미트리 멘델레예프도 진실을 밝혀내기를 열망했다.

1780년대 라부아지에가 원소, 화합물, 화학 반응에 대한 기본적인 사실들을 밝혀낸 이후로 1800년대 중반까지 화학은 크게 진보했다. 수많은 미지의 화학 원소들을 발견해 내는 놀라운 발전을 이루었다. 1789년에 23개의 원소들을 알아냈던 라부아지에는 1850년대 말에는 무려 58개의 원소들을 알아냈다. 그리고 1860년에 두 명의 독일 물리학자 구스타프 키르히호프와 로베르트 분젠은 본인들이 개발한 분광기로 59번째 원소를 발견했다.

**화학에 새로운 빛을 비춘 분젠과 키르히호프의 분광기**

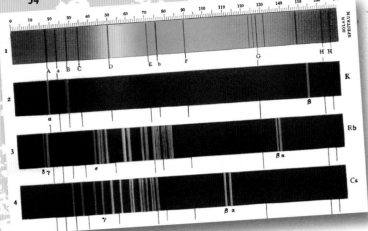

그 후 1868년 프랑스의 천문학자 피에르 장센은 햇빛을 프리즘에 통과시켜 태양의 스펙트럼에 미확인 분광선이 있다는 것을 주목하고서 또 다른 새로운 원소를 발견하였다. 그는 후에 태양을 의미하는 그리스어 헬리오스(helios)에서 따 헬륨(helium)으로 이름을 붙였다.

## 분광선을 해석하다

키르히호프와 분젠은 원소 시료를 가열하여 프리즘에 통과시키면 색깔을 띤 막대의 무늬인 스펙트럼이 나타나고, 원소마다 다른 무늬가 나타난다는 것을 알아내었다. 그리고 스펙트럼을 얻기 위한 발명품인 분광기를 개발하였다. 그들은 새롭게 발견된 색깔의 무늬로부터 새로운 원소를 발견해 냈다는 것을 알았다. 이것이 현재 세슘으로 불리는 원소이다.

분젠과
키르히호프가 그린
햇빛(맨 위),
**칼륨(K), 루비듐(Rb),
세슘(Cs)의 스펙트럼**

## 연관성을 발견하다

1870년까지 63개의 원소들을 발견한 화학자들은 기본 특징이 밝혀진 원소들 사이의 연관성을 연구하기 시작했다. 예를 들어 탄소와 규소는 비슷한 화합물을 만드는 비금속이고, 리튬과 나트륨은 부드럽고 반응성이 큰 금속이라는 것을 화학자들은 알아냈다.

원자의 종류가 다르면 질량도 다르다는 존 돌턴의 원자설에 착안하여 화학자들은 알려진 모든 원소들의 원자량을 정확하게 측정했다. 1865년에 잉글랜드의 화학자 존 뉴랜즈는 원소들을 원자량이 증가하는 순서대로 배열하면

프리드리히 뵐러

# 더 알아보기

19세기 초 화학에서의 또 다른 주요 성과로는 생명체 내부의 화학 반응이 실험실에서도 동일하게 일어날 수 있음을 보여준 것이다. 생명체는 거의 대부분이 유기 화합물이라고 불리는 탄소 화합물로 이루어져 있다. 오랫동안 과학자들과 철학자들은 유기질이 무기질과는 다르며, 유기질이 생명력이나 살아 있는 영혼의 종류라고 믿었었다. 그러나 1828년 독일의 화학자 프리드리히 뵐러는 무기질 성분으로 유기 화합물인 요소를 만들어 냄으로써 그러한 생각을 뒤집었다.

편광 필터로 촬영한
유기 화합물인 요소의
선명한 결정

늘어놓고 다양한 방식으로 배열해 보았다. 카드들을 왼쪽 위부터 원자량 순으로 8개, 8개, 18개 등 몇 개의 가로줄 '주기'로 배열하였더니 '족'으로 표현한 세로줄의 원소들이 비슷한 성질을 나타낸다는 것을 발견하였고, 경향성은 점점 형태를 갖추게 되었다.

멘델레예프의 주기율표에는 빈칸들이 있기는 했지만 그는 그 빈칸들이 아직 발견되지 않은 원소들이라 생각했고, 빈칸의 원소들 중 세 개의 원소의 특징과 원자량을 거의 정확하게 예측하였다. 멘델레예프가 예측한 원소들은 몇 년 후 발견되었다. 오늘날 알려진 원소의 수는 118개이다. 약간의 수정 작업을 거쳐 주기율표는 정확한 배치를 갖게 되었지만, 멘델레예프의 주기와 족의 기본적인 형태는 동일하게 유지된다.

주기율표는 원자 구조의 규칙을 보여준다. 주기율표는 화학이라는 넓은 지역에서 유용한 지도와 같고, 수년간 원자 내부 세계의 비밀을 밝히려는 과학자들에게 매우 유용한 지침서로서 작용했다.

짝이 빠진 카드로 화학에서의 규칙성을 힘겹게 발견한 멘델레예프

8번째마다 화학적 성질이 비슷한 원소가 나타난다는 '주기적인' 경향성을 발견하였다. 예를 들어 2번째 위치의 리튬과 10번째 위치의 나트륨이나 5번째 위치의 탄소와 13번째 위치의 규소는 화학적 성질이 유사하다. 그러나 뉴랜즈는 앞의 20개의 원소들 사이의 경향성만을 다뤘기 때문에 당시에 그의 제안은 조롱을 받았다. 이것은 부끄러운 일이었다. 왜냐하면 뉴랜즈는 중요한 일을 해냈기 때문이다.

### 탁자 위의 카드들

드미트리 멘델레예프도 원소들의 특징이 주기적이라는 것을 알아냈다. 1869년에 그는 원소 이름과 원자량을 적은 카드들을 탁자 위에

| 1 H | | | | | | | | | | | | | | | | | 2 He |
|---|---|---|---|---|---|---|---|---|---|---|---|---|---|---|---|---|---|
| 3 Li | 4 Be | | | | | | | | | | | 5 B | 6 C | 7 N | 8 O | 9 F | 10 Ne |
| 11 Na | 12 Mg | | | | | | | | | | | 13 Al | 14 Si | 15 P | 16 S | 17 Cl | 18 Ar |
| 19 K | 20 Ca | 21 Sc | 22 Ti | 23 V | 24 Cr | 25 Mn | 26 Fe | 27 Co | 28 Ni | 29 Cu | 30 Zn | 31 Ga | 32 Ge | 33 As | 34 Se | 35 Br | 36 Kr |
| 37 Rb | 38 Sr | 39 Y | 40 Zr | 41 Nb | 42 Mo | 43 Tc | 44 Ru | 45 Rh | 46 Pd | 47 Ag | 48 Cd | 49 In | 50 Sn | 51 Sb | 52 Te | 53 I | 54 Xe |
| 55 Cs | 56 Ba | 57-71 | 72 Hf | 73 Ta | 74 W | 75 Re | 76 Os | 77 Ir | 78 Pt | 79 Au | 80 Hg | 81 Tl | 82 Pb | 83 Bi | 84 Po | 85 At | 86 Rn |
| 87 Fr | 88 Ra | 89-103 | 104 Rf | 105 Db | 106 Sg | 107 Bh | 108 Hs | 109 Mt | 110 Ds | 111 Rg | 112 Uub | 113 Uut | 114 Uuq | 115 Uup | 116 Uuh | 117 Uus | 118 Uuo |

| 57 La | 58 Ce | 59 Pr | 60 Nd | 61 Pm | 62 Sm | 63 Eu | 64 Gd | 65 Tb | 66 Dy | 67 Ho | 68 Er | 69 Tm | 70 Yb | 71 Lu |
|---|---|---|---|---|---|---|---|---|---|---|---|---|---|---|
| 89 Ac | 90 Th | 91 Pa | 92 U | 93 Np | 94 Pu | 95 Am | 96 Cm | 97 Bk | 98 Cf | 99 Es | 100 Fm | 101 Md | 102 No | 103 Lr |

주기(가로줄)와 족(세로줄)으로 이루어진 주기율표

# 손을 씻어요

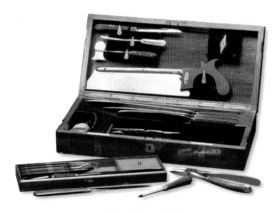

19세기, 의사들이 수술할 때
사용한 수술 도구들

## 병원균에 관해 알아보자

**함께 탐구할 과학자들**

**이그나츠 제멜바이스** : 위생의학의 선구자

**루이 파스퇴르** : 물질이 썩는 원인을 밝혀냄

**조지프 리스터** : 살균 스프레이 발명

**로베르트 코흐** : 결핵과 콜레라 병균 발견

19세기 후반기는 빠른 변화의 시기인데, 특히 유럽과 북아메리카에서 큰 변화가 있었다.

사람들은 새로운 기술을 접할 수 있었고, 많은 사람이 도시로 이동하였지만, 도시의 의료 환경은 빈약하여 오늘날이면 쉽게 치료할 수 있는 질병에도 어린 나이에 죽는 일이 자주 발생하였다.

물리학과 화학의 발전은 그 당시 수많은 새로운 기술에 아주 중요한 역할을 하였다. 예를 들어 순간적으로 장거리 통신을 할 수 있게 한 전신은 물리학의 한 분야인 전자기학에 의존한 것이었다. 자연에서 발견되지 않는 합성 화학 물질인 화려한 염료들은 빠르게 성장하고 있는 화학 산업의 공장에서 풍족하게 만들어졌다.

그렇지만 생물학의 경우엔 사회에서 일어나고 있는 커다란 변화에 그다지 역할을 하지 못하였다. 식물학자들과 동물학자들은 식물과 동물이 실제로 어떻게 작동하는지에 대한 생각이 여전히 부족하였고, 진화론 같은 새로운 이론은 현실적으로 적용되지 못했다.

의학 분야에서, 의사들은 매우 복잡한 수술을 수행하기 위해서 인체의 내부에 대해 충분히 배웠지만, 많은 환자들이 수술 후 죽었고, 심지어 단순히 베인 상처나 찰과상에도 죽어갔다. 그렇지만 아무도 그 이유를 알지 못했다.

## 병원 위생

1847년 헝가리 의사 이그나츠 제멜바이스는 손을 씻으면 질병의 전염을 막는다는 놀라운 발견을 하였는데, 오늘날 우리에겐 너무도 당연한 것이다.

제멜바이스는 어느 병원에서 일하고 있었는데 그 병원에서는 출산 후 열 명 중 한 명의 산모가 염증이나 산욕열로 불리는 패혈증 때문에 죽었다. 그런데 가까이 있는 다른 병원에서는 산모 사망률이 스무 명 중 한 명도 안될 정도로 작았다.

제멜바이스는 두 병원의 환경을 비교해 보았는데, 자기네 병원 의사들은 종종 죽은 시체를 검사한 후 바로 산모의 출산을 도와주고 있다는 사실을 알게 됐다. 그는 죽은 사람의 몸에서 의사의 손에 묻은 무엇이 산모를 아프게 하는 원인이 된다는 사실을 깨달았다. 시체를 만진 의사들에게 손을 씻게 하는 간단한 방법으로, 제멜바이스는 산모의 사망률을 90% 정도 줄일 수 있었다.

### 오염 공기일까, 세균일까?

아쉽게도 사람들은 제멜바이스의 결과에 거의 주목하지 않았다. 그 시기에, 대부분의 과학자들은 질병은 사람에서 사람으로 전염되지는 않는다고 생각했다. 그보다는 뚜껑을 열어 놓은 수채통 속의 썩은 채소나 오물 같은 물질에서 질병이 생겨나서 악취 나는 공기로 퍼져나간다고 생각했다. 그래서 그들은 손 씻기가 어떻게 도움이 되는지 알지 못했다. 이 같은 오염 공기 이론으로 인해 적어도 몇 개의 도시에서 밀폐된 하수 처리 시스템을 갖추고 오염 공기 확산을 제한하는 법률이 만들어지게 되었다. 하지만 전염된 상처뿐만 아니라 콜레라와 디프테리아 같은 질병들은 여전히 수백 만의 생명을 앗아갔다.

1850년대에 몇몇 과학자들은 질병의 실제 원인이 미생물, 즉 현미경을 통해서만 볼 수 있는 작은 생명체일 것이라고 제시하였다.

1800년대 도시의 거리는 지저분하거나 비위생적인 곳이 많았다.

이그나츠 제멜바이스는 아주 간단한 방법으로 질병의 확산을 줄였다. →

이것들은 200년 전에 레벤후크가 최초로 보았던 극미동물(aninalcules)이었다. 병을 옮기는 미생물은 때로 세균이라 언급되었기 때문에 오염 공기 이론을 대체하여 세균 이론으로 알려지게 되었다.

세균은 실제로 단세포 생물체인데 좀 더 정확히 박테리아라고 불린다. 이 시기의 과학자들은 모든 생명체가 세포로 이루어졌다는 것을 이제 막 이해하기 시작했다. 더 나아가 1840년대 폴란드 과학자 로베르트 레마크는 세포는 오직 다른 세포로부터 만들어진다는 것을 보여줬다.

그때까지만 해도, 과학자들이 믿어온 것은 무생물에서 생물이 생긴다는 '자연 발생설'이었다.

프랑스 미생물학자 루이 파스퇴르는 아주 성공적인 실험에서 레마크의 생각이 옳았다는 것을 증명했다. 파스퇴르는 소량의 수프를 만들어 구부러진 주둥이가 부착된 플라스크 안에 넣고 끓였다. 보통, 수프는 하루나 이틀이 지나면 구름처럼 뿌옇게 된 후 썩어 버린다. 그러나 수프를 끓여 그 안에 어떤 박테리아도 살아 있지 못하게 하였고, 나아가 플라스크의 입구도 구부려 박테리아가 외부 공기에서 수프로 들어오는 것을 막았다. 그 결과 수프는 훨씬 더 오랫동안 맑고 신선함을 유지하였다. 그 수프가 공기 중에 노출되자 공기 중 세균이 수프에 내려앉을 수 있었고 증식을 시작하자 다시 부패하였다.

파스퇴르의 연구는 세균설을 지지하게 되었고, 어떻게 하면 열을 이용하여 세균을 쉽게 죽일 수 있는지도 보여줬다. 그는 계속해서 박테리아는 어떤 화학 물질에 의해서도 없앨 수 있다는 사실도 밝혀냈다.

## 세포설

**1838년 독일의 두 과학자 테오도르 슈만과 마티아스 슐라이덴이 만났을 당시,** 그들은 세포가 살아 있는 모든 생명체의 기본 단위라는 이론을 각각 전개했다. 슈만이 먼저 동물들이 세포로 이루어졌음을 알아냈으며, 슐라이덴도 식물이 세포로 이루어져 있음을 발견했다. 세균도 역시 세포로 이루어져 있으며, 단세포 생물이다.

현미경으로 본 사람의 피부세포들. 각 세포는 한 개의 핵(색이 진한 부분)을 가지고 있다.

루이 파스퇴르, 수프가 상했는지 알아보기 위해 현미경을 자세히 들여다보고 있다.

조지프 리스터는 소독제 페놀 스프레이를 꼭 가지고 다녔다.

## 예방과 치료

스코틀랜드 의사 조지프 리스터는 파스퇴르의 실험에서 영감을 받았다. 1865년, 리스터는 몸이 노출되어 감염되기 쉬운 곳에 있는 세균을 살균하기 위해 페놀 용액을 쓰기 시작했다. 처음에는 붕대를 그 용액에 푹 적셔서 드러난 상처 둘레를 감쌌다. 그런 후 그는 손을 씻었고, 수술용 도구 역시 페놀로 깨끗이 씻었다. 그리고 페놀 용액을 아주 작은 안개로 만들어 수술실 곳곳에 뿌릴 수 있는 기구를 고안했다. 그랬더니 그가 일하는 병원의 감염률과 사망률은 급격히 낮아졌다.

1876년, 독일의 의사이자 미생물 학자인 로베르트 코흐는 탄저병이라 불리는 치명적인 질병을 일으키는 박테리아의 종류를 찾는데 매달렸다. 이때부터 처음으로 특정 박테리아를 특정한 질병과 연결시켰다. 그는 콜레라와 장티푸스를 일으키는 세균 규명을 계속했다.

1880년대에, 파스퇴르와 그 조수들은 백신을 개발하여 닭에게는 콜레라의 면역성, 양에게는 탄저병의 면역성을 갖게 했다. 백신은 신체에 투여하는 약하게 만든 병원균으로, 질병과 싸우는 항체라는 단백질을 생산하여 면역체계를 형성해 준다.

이와 같은 백신은 신체가 방어 체계를 갖도록 하여 세균과 바이러스성 질병을 막을 수 있게 한다.

항체가 어떻게 작용하는지 발견할 때까지, 어느 누구도 왜 백신이 질병 치료에 성공적인지 알지 못했다. 파스퇴르와 그의 연구팀은 액체를 정화하는 또 다른 방법으로 미세한 구멍이 있는 고령토 여과기를 개발하였다. 액체가 여과기에 부어져 필터를 통과할 때, 그 안에 있는 모든 세균이 걸러지게 되고, 결국 여과기를 통과한 액체는 제균된 상태가 된다. 1887년 러시아의 미생물학자 드미트리 이바노브스키는 담배에 있는 질병을 연구하기 위해 이 형태의 여과기를 사용하고 있었다. 그런데 그 여과기가 액체의 제균을 실패하였을 때, 이바노브스키는 그 질병이 세균보다 훨씬 작은 무언가에 의해 일어난다는 것을 알게되었다. 1898년 독일의 미생물학자인 마르티너스 베이저린크는 그 무언가를 '바이러스'라고 이름 지었다. 병원균으로 세균과 바이러스의 발견은 곧 공중 보건을 개선하는데 도움이 되었고, 수백만의 죽음을 막았으며 또한 20세기 의학에서 비약적인 발전의 초석이 되었다.

# 원자보다 더 작은 것

## 아주 작은 입자의 새로운 세계를 탐험해 보자

**함께 탐구할 과학자들**

**조셉 존 톰슨** : 전자 발견자

**마리 퀴리** : 방사성 원소 분리

**어니스트 러더퍼드** : 원자의 구조를 그림으로 보여줌

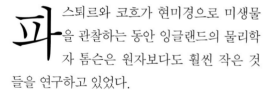

**최초로 원자보다 작은 입자를 발견한 톰슨**

파스퇴르와 코흐가 현미경으로 미생물을 관찰하는 동안 잉글랜드의 물리학자 톰슨은 원자보다도 훨씬 작은 것들을 연구하고 있었다.

1890년대까지 과학자들은 원자는 단단한 공 모양이고, 물질을 구성하는 더는 쪼개질 수 없는 가장 작은 입자라고 믿었다. 그러나 1897년에 톰슨은 훨씬 더 작은 입자인 전자를 발견했고, 이로써 원자 내부를 발견하기 위한 여행이 시작되었다.

모든 원자에서 발견되는 전자는 음전하를 띠는 입자이다. 모든 원자는 양전하도 가지고 있어 원자 내에서 전하들은 전체적으로 균형을 이루고 있다. 그러나 전자는 아주 작고 원자에서 분리될 수 있다. 그리고 그러한 간단한 사실이 정전기, 전류, 화학 반응을 포함하여 100년 이상 과학자들을 혼란스럽게 했던 많은 현상들의 원인이었다.

톰슨은 공기가 거의 제거된 밀봉된 유리관인 음극선관을 이용해 전자를 알아냈다. 관 속에 금속 전극 두 개를 설치하고 전기를 공급한다. 눈에 보이지 않는 광선이 진공을 통과하면서 전극 사이에 전류가 흐른다. 톰슨은 이 광선이 항상 (-)극(음극)에서 (+)극(양극)으로 흐르며 음전하를 띠고 있다는 것을 알아냈다.

그는 그 광선이 실제로 입자들의 선이라는 것을 보여주었고, 그 입자들은 가장 가벼운 원자인 수소보다 훨씬 더 가볍다는 것을 알아냈다.

# 이 입자들은 무엇일까?
## 원자일까? 분자일까? 아니면 훨씬 더 세분화된 상태의 물질일까?
### 톰슨, 1895년

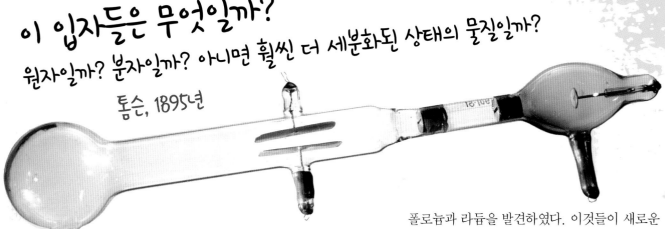

톰슨의 음극선관. 원형의 음극(오른쪽)에서 튀어나온 광선이 양극(직선 관이 시작되는 부분의 검은 띠)을 지나 중간의 두 판 사이의 전기장에 의해 휘어진다.

## 정체불명의 광선

1898년에 폴란드의 과학자 마리 퀴리는 우라늄 화합물의 이상한 반응을 연구하는 도중에 원자 내부 세계의 또 다른 비밀을 밝혀내기 시작했다. 퀴리는 우라늄 원소를 포함하는 광석이 눈에 보이지 않는 광선을 방출한다는 1896년 프랑스의 물리학자 헨리 베크렐의 발견을 연구하고 있었다. 퀴리는 그 광선이 우라늄 원자 내부로부터 발생한다는 것을 알아내었고, 이 현상을 광선의 라틴어인 radius에서 따 '방사능(radioactivity)'으로 이름을 붙였다.

그 후 퀴리는 다른 방사성 원소가 없는지를 알아내기 위해 남편 피에르의 도움을 받아 알려진 모든 원소들을 실험하였다.

그녀는 토륨도 방사성 원소라는 것을 알아냈고, 이전까지 발견되지 않았던 방사성 물질인 폴로늄과 라듐을 발견하였다. 이것들이 새로운 원소라는 것을 증명하기 위해 그녀는 우라늄 광석을 끓이고, 걸러내고, 정제하여 시료를 추출해야만 했다. 3년 동안의 힘든 작업 끝에 퀴리 부부는 수 톤의 광석으로부터 단지 몇 그램의 라듐을 추출해 냈다.

## 원자 구조

뉴질랜드 태생의 물리학자 어니스트 러더퍼드는 1899년에 방사성 물질이 방사하는 광선에 2종류가 있음을 발견하고, 그리스 문자 중 앞의 두 문자를 사용하여 알파선, 베타선으로 명명하였다.

## 거의 끝났다!
### 퀴리는 3년 동안 수 톤의 우라늄 광석으로 뜨겁고 고생스런 작업을 하였다.

# 노벨상

부유한 스웨덴의 다이너마이트 발명가인 알프레드 노벨에 의해 설립된 노벨재단은 1901년 이래로 매해 물리학·화학·생리학 혹은 의학·문학·국제 관계 분야에서 가장 뛰어난 업적을 수행한 사람들에게 상금이 많은 상을 수여하고 있다. 원자의 내부 구조를 밝히는데 공헌한 과학자들 중 헨리 베크렐(1903), 마리 퀴리(1903, 1911), 피에르 퀴리(1903), 톰슨(1906), 어니스트 러더퍼드(1908), 채드윅(1935) 등이 노벨상을 받았다.

1906년 톰슨이 수상한 노벨상 메달

이 현상은 얇은 종이에 15인치 포탄을 발사했는데, 포탄이 반사되어 되돌아 온 것과 같은 놀라운 일이었다.

금박 실험을 한 어니스트 러더퍼드(위)

러더퍼드는 이 광선이 분해되거나 붕괴된 원자의 파편으로 매우 작고 대전된 입자들의 흐름이라는 것을 발견하였다. 1900년에 프랑스의 물리학자 폴 빌라드는 방사성 물질이 세 번째 종류의 광선을 생성한다는 것을 밝혀냈고, 감마(그리스 문자의 세 번째 문자)라고 이름을 붙였다. 빌라드는 감마선이 빛, X선, 전파와 같이 전자기파의 형태라는 것을 발견했다.

1911년 원자 구조를 이해하기 위해서 러더퍼드의 두 명의 연구원은 얇은 금박에 알파 입자를 충돌시켰다. 대부분의 알파 입자는 금속박을 직진하여 통과하지만 일부는 산란하였다. 이것을 통해 러더퍼드는 원자는 작고 양으로 대전된 매우 밀집한 중심부(원자핵으로 불렸다)와 마치 태양을 공전하는 행성들과 같이 중심부 둘레를 넓은 공간으로 회전하는 매우 작고 음으로 대전된 전자로 이루어져 있다고 제안하였다. 금박 실험에서 양전하를 띠는 알파 입자의 대부분은 핵 사이의 공간을 통과할 수 있었다.

무거운 양전하의 원자핵 주위를 전자가 돌고 있을 것이라 생각한 러더퍼드의 원자 모형

그러나 매우 흥미롭게도 일부의 알파 입자는 원자핵의 집중된 양전하에 충돌하고 튕겨 나왔다.

1918년에 러더퍼드는 원자핵이 한 덩어리의 양전하가 아니라 양성자라 명명한 양전하 입자들로 이루어져 있다는 것을 발견했다. 각각의 양성자는 전자와 동일한 양의 양전하를 띠고, 원자핵 속의 양성자의 수는 원소의 특징을 결정한다. 예를 들어 수소의 양성자의 수는 1개인 반면 산소는 8개이다.

모든 양성자는 양으로 대전되어 있으므로 그들끼리 서로 반발하여 원자핵을 불안정하게 만든다. 큰 원자핵은 작은 것보다 더 불안정하므로, 92개의 양성자를 가지고 있는 우라늄과 88개의 양성자를 가지고 있는 라듐이 방사성 물질인 이유를 알 수 있다. 1932년에 잉글랜드의 물리학자 제임스 채드윅은 원자핵이 또 다른 종류의 입자인 전하를 띠지 않는 중성자를 포함한다는 것을 알아냈다.

# 상대성의 혁명

## 시간과 공간 속에서 모험을 해보자

**함께 탐구할 과학자들**

**알버트 아인슈타인 :** 우주에서 모든 것은 상대적이라는 것을 알아냄

**헤르만 민코프스키 :** 4차원 개념 확립

**아서 에딩턴 :** 아인슈타인의 이론을 실제로 증명

**톰**슨이 전자를 발견하고 8년이 지난 뒤에, 독일의 물리학자 알버트 아인슈타인이 두 개의 상대성 이론 중 첫 번째 이론을 발표했다. 이 이론은 우주, 시간, 운동, 그리고 중력에 대한 우리의 이해를 혁명적으로 바꿔 놓았다.

1869년, 제임스 클럭 맥스웰은 과학자들이 우주에서의 지구의 실제적인 또는 '절대적인' 속력을 측정하는 것이 가능할 것 같다는 의견을 내놨다. 그때까지, 과학자들은 태양이나 다른 행성들을 기준으로, 지구의 상대 속력만 측정할 수 있었다 - 그러나 우주에서 그 기준들도 움직이고 있다. 이것은 마치 선원이 배의 속력을 측정할 때, 물에 대한 절대적인 속력을 측정하기보다는, 다른 움직이는 배에 대한 상대적인 속력만을 측정할 수 있는 것과 같다.

알버트 아인슈타인. 두 번째 상대성 이론을 발표하고 5년 뒤에 촬영한 사진

1860년대에 완성된 맥스웰의 방정식은 빛이 공간을 특정한 속도로 우주 공간을 날아가는 전자기파임을 보여주었다. 과학자들은 빛의 속력을 측정할 때, 빛을 향해 가고 있느냐, 빛으로부터 멀어지고 있느냐에 따라 값이 달라질 것이라고 예측했다. 예를 들면 빠르게 날아가면서, 날아가는 방향으로 손전등을 비추면, 빛을 조금 '따라 잡기' 때문에 빛의 속력이 조금 느리게 측정될 것이라는 것은 일리가 있다: 실제로 만약 빛의 속도로 날아간다면, 빛과 나란히 달리게 될 것이고, 그럼 빛의 속력은 0이 될 것이다. 반대로 손전등을 반대 방향으로 비추면, 빛을 '뒤로 하기' 때문에 빛의 속력이 조금 더 빠르게 측정될 것이다.

## 수수께끼 같은 결과

1870년대와 1880년대에, 여러 명의 과학자들이 우주 공간에서 서로 다른 방향으로 날아가는 빛의 속도 차이를 측정하려고 노력하였다. 그러나 그들의 노력에도 불구하고, 아무것도 찾아내지 못했다: 빛의 속력은 언제나 똑같았다. 1890년대 내내, 과학자들은 이 이상한 결과를 설명할 수 있는 유일한 방법은 언제나 우주 공간에서의 운동에 따라 거리 측정값이 달라진다는 것을 받아들이는 것임을 깨달았다. 그들은 또한 시간도 서로 다르게 흘러갈 것이라고 주장했다 - 텅 빈 우주 공간의 '보편적인 시간'과 우주 공간을 움직이는 물체의 '고유 시간'이 있을 것이라고 주장했다.

1905년, 아인슈타인은 《운동하는 물체의 전기 동역학에 관하여》라는 과학 논문에서 이러한 이상한 생각들이 진실과 동떨어지지 않았다는 것을 보여주었다. 거리와 시간은 정말로 '상대적'이다. 그는 또 '보편적인 시간'과 '절대 정지'는 없다는 것도 보여주었다. 서로에 대해 상대적으로 운동하고 있는 과학자들은 시간과 거리를 서로 다르게 측정할 것이다. 그 효과는 상대적인 속력이 매우 빠를 - 빛의 속력에 가까울 - 때만 뚜렷해진다. 이것이 전에 아무도 알아채지 못한 이유다.

## 상대 시간

아인슈타인 이론의 기본적인 개념을 이해하기 위하여, 우주선을 상상해 보자. 우주 비행사가 손전등을 천장에 있는 거울에 비추고 있다. 우주 비행사나 우주선 안에 있는 다른 사람의 관점에서 보아도,

밖에서 보면, 날아가는 우주선 안에 있는 거울에 비춘 빛은 거울에 닿는 시간이 더 오래 걸리고, 더 먼 거리를 이동하는 것처럼 보일 것이다.

일반 상대성 이론에 따르면, 중력은 질량을 가진 물체 주변에서 시공간이 휘어지기 때문에 발생한다.

손전등 불빛은 짧은 경로를 따라 똑바로 거울까지 갔다가 되돌아온다. 이제 우리가 다른 우주선에 있다고 상상해 보자. 이 우주선은 처음 우주선과 반대 방향으로 윙 소리를 내며 지나가고 있다. 우리의 관점, 또는 '좌표계'에서 보면, 손전등 불빛은 더 긴 대각선 경로를 따라간다. 빛의 속력은 언제나 같기 때문에, 우리의 좌표계서 빛이 거울에 닿을 때까지 걸리는 시간이 다른 우주 비행사의 좌표계에서 '걸리는 시간' 보다 더 길어져야만 한다. 같은 사건 - 빛이 손전등을 떠나 거울에 도착하는 사건 - 이 걸리는 시간에 따라 둘로 나누어졌다. 걸리는 시간은 거울에 대해 상대적으로 정지해 있는지(처음 우주선 안), 또는 거울에 대해 움직이고

있지 않은지(윙 소리를 내며 지나가면서 그 우주선을 보고 있는지)에 따라 달라진다.

## 질량과 에너지

상대성 이론의 한 부분으로, 아인슈타인은 물체의 질량이 실제로 단지 물체의 총에너지양이라는 것을 보여주는 방정식을 알아냈다. 물체의 속력이 증가함에 따라 에너지가 늘어나고, 질량이 증가한다. 그 방정식은 물체가 운동을 멈췄을 때도 여전히 에너지를 가지고 있다는 것을 보여주었다.

복잡한 수학식은 간편한 방정식으로 정리되었다 - 과학에서 가장 유명해진 방정식: $E=mc^2$. 방정식에서 'E'는 에너지를 나타내고, 'm'은 질량을 나타낸다. 그리고 '$c^2$'은 'c의 제곱'인데, 빛의 속력(c)를 두 번 곱한 것이다. 아인슈타인은 보존되는 것이 질량이나 에너지가 아니라 새로운 [물리]양, '질량 - 에너지'임을 보여주었다.

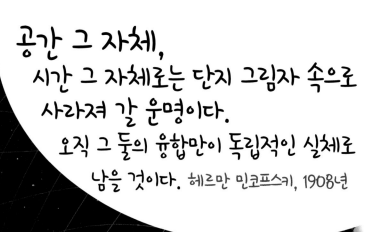

공간 그 자체,
시간 그 자체로는 단지 그림자 속으로
사라져 갈 운명이다.
오직 그 둘의 융합만이 독립적인 실체로
남을 것이다. 헤르만 민코프스키, 1908년

## 중력, 공간, 그리고 시간

독일의 수학자 헤르만 민코프스키는 아인슈타인의 상대성 이론을 이해하기 위한 시도 끝에, 시간을 우주의 '4번째 차원'으로 간주하기에 이르렀다. 4차원 '시 - 공간'이라는 개념은 물리학자들이 상대성의 결과를 예측하고 계산하는 데 도움이 되었다.

1915년, 아인슈타인은 두 번째 상대성 이론을 발표했다 - 그는 당시 첫 번째 이론을 '특수' 상대성 이론이라고 불렀고, 두 번째는 '일반' 상대성 이론이라고 불렀다. 일반 상대성 이론은 중력을 설명해 주었고, 또 어떻게 중력이 시간과 공간에 영향을 미치는지 보여주었다. 그 이론에 따르면, 중력을 질량이 큰 물체 주변에서 시공간이 '휘어지는 것'으로 이해할 수 있다.

상대성에 생각이 사로잡혀
아인슈타인은 자주
시간 가는 줄도 몰랐다.

1919년 에딩턴의 일식 사진.
완전히 가려진 태양 주변에서 몇 개의 별들을 볼 수 있다.

## 옳은 것으로 증명되다

수학적인 방정식을 사용하여 아인슈타인은 현실 세계에서 결코 할 수 없었던 실험들을 할 수 있었다. 놀랍게도 그가 수학적인 '사고 실험'을 통하여 발견한 것들이 그 뒤 현실 세계에서 연이어 옳은 것으로 증명되었다 - 가장 유명한 것은 1919년 개기일식 때이다.

개기일식은 지구에서 보아, 달이 태양을 완전히 가릴 때 일어난다: 그 결과 보통의 밝은 대낮에 하늘이 별이 보일 정도로 적당히 어두워진다. 잉글랜드의 천문학자 아서 에딩턴은 1919년의 개기일식을 이용하여, 아인슈타인의 일반 상대성 이론과 뉴턴의 중력 이론을 비교하였다. 두 이론 모두 빛이 질량이 큰 물체 근처를 지나갈 때 휘어진다는 것을 제시하였지만, 휘어지는 각도가 달랐다. 에딩턴은 완전히 가려진 태양 근처의 하늘에 있는 별들의 사진을 찍었다. 그 사진은 별들의 위치가 일반적으로 있어야 할 - 기대했던 - 곳으로부터 이동했다는 것을 보여주었다. 태양의 거대한 질량이 별빛을 휘게 만든 것이다. 별들의 위치가 이동한 정도는 뉴턴이 아니라 아인슈타인의 이론이 예측한 것과 일치했다.

아인슈타인이 승리했다는 소식은 - 과학계를 넘어 - 전 세계로 빠르게 퍼져나갔다. 그때부터 그는 세계적인 명사가 되었고, 그의 이름은 영원히 천재적인 아이디어와 연결지어졌다.

## 시 차

아인슈타인의 이론은 또 실제로 이상한 일들이 일어날 수 있다는 것을 의미했다. 하지만 그런 일들은 극단적인 속력과 중력에서만 일어나므로 거의 볼 수가 없을 것이다. 예를 들면 매우 높은 건물의 밑바닥에 놓아 둔 시계는 꼭대기에 놓아 둔 시계보다 아주 조금 느려질 것이다. 또 광속에 가까운 속력으로 날아가는 우주선에서는 멈춰 있을 때보다 시간이 더 느리게 갈 것이다. 그래서 우주선을 타고 그런 속력으로 얼마 동안 여행하고 지구로 돌아올 수 있다면, 지구에서는 훨씬 많은 시간이 흘렀다는 것을 알게 될 것이다.

에피소드 **19**

# 유전의 비밀

## 유전의 수수께끼를 풀어 보자

**함께 탐구할 과학자들**

**그레고르 멘델** : 완두콩과 유전법칙

**발터 플레밍** : 염색체 발견자

**월터 서턴** : 염색체가 유전자를 운반하는 것을
알아냄

**토마스 헌트 모건** : 수천 마리의 초파리와
돌연변이

**20**세기 초반에 이르러서, 거의 모든 과학자들은 찰스 다윈의 진화론을 받아들였다. 그렇지만 다윈의 진화론은 '어떻게 생물의 특성이 한 세대에서 다음 세대로 전해질 수 있을까?'라는 유전 과정의 질문을 회피했다. 다윈이 그의 이론을 공개하던 바로 그때, 1859년 오스트리아의 수도사 그레고르 멘델은 완두콩을 이용한 일련의 놀라운 실험을 통해 유전법칙을 밝혀내고 있었다. 1856년 멘델은 품질이 가장 우수한 완두콩을 골라 교배해서 다양한 '잡종'을 만들어내기 시작했다. 그는 8년 동안 1만 그루가 넘는 콩을 재배하면서, 완두콩들을 교차 교배하고 여러 형질들이 어떻게 유전되는지를 기록하였다.

## 숨겨져 있는 형질들

멘델은 2가지 형태로만 나타나는 7개의 형질에 집중했다. 한 가지 형질을 예로 들면, 완두콩의 색은 노란색 또는 녹색 둘 중 하나로 나타났다. 그는 많은 실험을 통해서 간단한 법칙을 발견했다. 형질 중에 '우성'으로 보이는 형질은 4개 중에 평균 3개가 나타났으며, '열성'으로 보이는 형질 4개 중 1개로 나타났다. 자연은 공정하지 못한 주사위를 던진 것처럼 보였다.

**그레고르 멘델**은 같은 꼬투리 안에 있는 두 개의 완두콩이 실제로 어떻게 비슷한지 궁금했다.

멘델은 완두콩의 색이 그가 '유전요소'라 부르는 어떤 입자에 의해 결정된다는 것을 밝혀냈다. 각 식물은 부모에게서 각각 하나씩, 즉 두 개의 유전요소를 받게 된다. 그 요소는 두 종류가 있는데 녹색(g)과 노란색(y)이다. 결과적으로, 한 식물은 유전요소의 네 가지 조합(gg, gy, yg, yy) 중 한 가지를 받게 된다. 만일 두 유전요소의 종류가 같다면(gg 또는 yy), 그 식물은 바로 그 유전요소에 해당하는 색(gg이면 녹색, yy이면 노란색)이 나타날 것이다. 하지만, 유전요소가 서로 다르다면(gy, 또는 yg) 우성형질(완두콩의 경우 노란색)이 나타날 것이다. 멘델은 4개의 완두콩 중에서 3개가 노란색이 되는 이유를 이렇게 설명하였다. 더 나아가 멘델은 콩의 색뿐만 아니라 다른 형질들도 반드시 유전요소에 의해 결정된다는 것을 알아냈다. 어떤 유전요소들은 몇 개의 형태를 만들기도 했는데, 대부분의 형질은 두 가지 이상의 유전요소에 의해 결정되었다.

멘델의 발상은 생물의 특성이 어떻게 한 세대에는 사라졌다가 다음 세대에 나타나는지를 설명할 수 있었다. 그 형질들은 세대를 따라 다음 세대로 내려가는데, 만일 형질이 열성이라면 한 세대 동안 감춰져서 나타나지 않을 수도 있었다. 1865년 멘델은 그가 발견한 것들을 그가 살고 있는 지역

## 발터 플레밍이 그린 세포핵 안의 염색체

의 자연과학 학회에 발표했다. 그리고 나중에 실험 결과를 작성해서 두 명의 저명한 식물학 교수에게 보냈지만 아무도 관심을 보이지 않았다.

### 염색체의 결합

멘델이 완두콩 실험을 하는 동안, 생물학자들은 분주하게 현미경으로 식물과 동물 세포의 속을 자세히 들여다 보았다. 그들은 거의 모든 세포 안에서 발견되는 검은 부분인 핵에 특히 더 관심을 가지게 되었다. 1878년 독일의 생물학자 발터 플레밍은 핵 안에서 작은 구조물을 발견하였다. 이것은 오늘날 우리가 염색체라 부르는 것이었다. 플레밍은 이들 구조물들이 하나의 세포가 둘이 되는 세포분열을 하는 과정에서 길고 가늘게 변하는 것을 보았다. 그리고 '부모' 세포와 '자손' 세포 사이에서 염색체가 둘로 나누어지는 것을 발견했다. 플레밍은 멘델의 실험을 전혀 모르고 있었기 때문에 염색체와 유전 사이에서 아무런 연관성을 찾지 못했다.

1898년 독일의 생물학자 테오도르 보베리는 동물

노란색 완두콩과 녹색 완두콩을 교배한 다음 1세대는 평균적으로 4개의 완두콩 중 3개는 노란색을 띤다. 노란색 요소가 우성이기 때문이다.

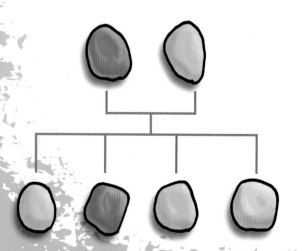

# 아빠와 엄마의 염색체가 둘씩 짝을 짓는 조합이 멘델 유전법칙의 신체적 기반을 구성할 것이다. 월터 서턴, 1902년

에서 난자와 정자, 식물에서 꽃가루와 난세포가 다른 세포에 비해 절반의 염색체 수를 가진다는 사실을 알게 되었다. 난자와 정자 또는 난세포와 꽃가루가 만나는 수정이 일어나게 되었을 때, 원래의 온전한 염색체 수를 다시 갖게 되었다. 1902년 미국의 생물학자 월터 서턴은 이 수정과정과 멘델이 사망한 후 16년이 지난 1900년에 재발견된 멘델의 유전법칙에서 연관성을 찾았다. 서턴은 아무래도 이 염색체들이 멘델의 유전요소를 운반할 것이라고 생각했다. 1905년 영국의 생물학자 윌리엄 베이트슨은 유전에 대한 학문을 '유전학(genetics)'라고 불러야 한다고 제안했다. 이로부터 4년 후, 덴마크의 요한센은 멘델의 유전요소를 대신하여 '유전자(gene)'라 단어를 새로 만들었다.

## 초파리

1910년 미국의 생물학자 토마스 헌트 모건은 초파리가 담긴 수백 개의 병들로 가득한 '파리방'을 만들었다. 모건이 그의 실험에서 초파리를 선택한 것은 수명의 주기가 매우 짧고, 매우 적은 먹이를 필요로 하며, 크기가 매우 작아 방대한 개체수를

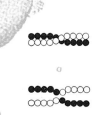

유지하는 데 적합했기 때문이다. 그래서 초파리는 유전학 연구에 사용되는 표준 생물체 중의 하나가 되었다.

모건과 그의 연구팀은 현미경을 자세히 관찰하고 다양한 형질을 가진 초파리들을 조심스럽게 교배시켜, 어떤 형질이 어떤 염색체에 의해 운반되는지 세밀히 기록했다. 1926년 모건의 동료 중 한 명인 헤르만 뮐러는 초파리에 X선을 쏘여, 유전자 정보의 복사가 잘못되어 나타나는 돌연변이를 가진 초파리를 만들었다.

## 돌연변이

1930년 모건은 《자연 선택에 대한 유전학적 이론》이란 책에서 진화에 있어 유전자와 염색체의 역할을 설명했다. 세포핵 내부의 염색체에 있는 유전자는 세대에서 세대로 정보를 전달한다. 진화가 일어나는데 필수적인 돌연변이는 뮐러가 만들었던 것처럼 유전자에 있는 정보를 복사하는 과정에서 실수를 말한다. 어떤 돌연변이는 새로운 형질을 만들어 그 종족을 뛰어넘는 이로운 점을 개체에 주기도 한다. 이와 같은 개체들은 살아남을 가능성이 커져서 돌연변이는 안정적으로 정착된다. 이런 돌연변이 현상이 쌓이고 쌓여서 결국에는 새로운 종이 생겨나기도 한다.

그래도 중요한 의문 중 하나가 여전히 남는다. "어떻게 염색체가 유전정보를 운반할 수 있을까?" 이에 대한 궁금증은 1950년대에 과학자들이 DNA라 불리는 화합물을 구조를 발견하고 나서 해소되었다.

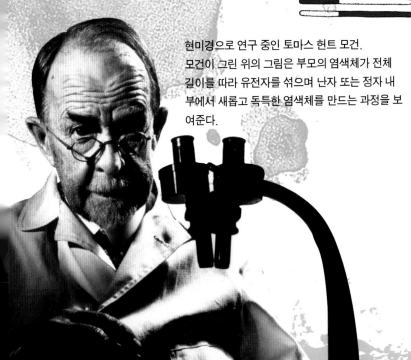

현미경으로 연구 중인 토마스 헌트 모건. 모건이 그린 위의 그림은 부모의 염색체가 전체 길이를 따라 유전자를 섞으며 난자 또는 정자 내부에서 새롭고 독특한 염색체를 만드는 과정을 보여준다.

# 우주는 얼마나 클까?

## 깊고 깊은 우주를 들여다보자

**함께 탐구할 과학자**

**프리드리히 버셀** : 시차법

**헨리에타 리빗** : 변광성 비교

**에드윈 허블** : 우주가 팽창하고 있다는 것을 발견

과 학자들은 케플러, 갈릴레오 및 뉴턴 이후로 20세기 초까지 우주에 대한 이해를 크게 발전시켜 왔다. 그러나 여전히 '우주는 얼마나 클까?'와 같은 몇 가지 근본적인 의문이 남아 있었다.

1920년 4월, 미국의 천문학자인 할로우 샤플리와 헤버 커티스는 우주의 크기에 대해 공개 토론을 열었다. 우리가 밤하늘에 볼 수 있는 모든 별은 우리 은하의 일부분이다. 그러나 과학자들은 이미 우주에서 수백 개의 다른 희미한 물체들을 발견하고, 그것을 '성운'이라고 불러 왔다. 커티스는 이것들을 또 다른 은하라고 주장했다. 반면에 샤플리와 대부분의 천문학자들은 우리 은하 바깥에는 아무것도 없다고 믿었는데, 그 이유 중 하나는 언급된 우주의 크기가 상

헤버 커티스,
'섬 우주'를 지지하여 안드로메다와 다른 성운들이 우리 은하 밖에 있다고 주장하였다.

상할 수 없을 정도로 너무나 방대했기 때문이었다. 이러한 논쟁은 오리온 별자리에 있는 안드로메다 성운에 집중되었다. 그러나 토론의 막바지에 이르러, 그 누구도 안드로메다나 다른 성운까지의 거리를 잴 수가 없었기 때문에 이 질문은 미해결로 남게 되었다.

## 시차 측정

천문학자들이 별까지의 거리를 측정할 수 있게 되었는데, 그나마 가장 가까운 별들이었다. 이를 해낸 첫 번째 과학자는 독일 천문학자인 프리드리히 베셀이었다. 1838년, 그는 백조자리 61번 별까지의 거리를 재는 데 시차라고 불리는 현상을 사용하였다. 얼굴 앞에 손가락 한 개를 갖다 대고 한쪽 눈을 번갈아 감아 보면

멀리 있는 별

시선

시차를
측정할 별

1월
지구

7월
지구

위 : 안드로메다 성운
왼쪽 : 시차를 두고
별의 위치를 측정해서
근처에 있는 별의
거리를 알아내는 방법

우리도 시차를 경험해 볼 수 있다.

배경에 대해 손가락의 위치가 달라지는 것을 볼 수 있는데, 손가락이 얼굴에 가까울수록 이러한 위치 변화의 폭이 커진다. 같은 원리로 백조자리 61은 더 멀리 있는 별들을 배경으로 하여 관측 지점에 따라 자신의 위치를 바꾼다. 그러나 백조자리는 너무 멀기 때문에 한쪽 눈을 차례로 감는 것으로는 시차를 감지할 수가 없고, 바라보는 두 관측점이 매우 멀리 떨어져야 한다. 그래서 베셀은 6개월의 시차를 두고 태양을 도는 지구 공전궤도의 서로 반대쪽에서 한 번씩 관측했는데, 이는 마치 수백만 km 떨어진 두 눈을 교대로 감은 것과 같은 효과이다. 당시 그는 백조자리 61이 배경에 대해 얼마나 이동했는가를 측정함으로써 거리를 추정하였는데, 태양과 지구 사이의 거리보다 65만배 먼 10광년쯤 되었다. 그것은 실제값에 매우 가까웠다.

## 우주의 잣대, 세페이드 변광성

시차는 가장 가까운 별들에만 적용 가능하였으나, 20세기 초반에 천문학자들은 우주에서 거리를 측정하는 새로운 방법을 발견하게 된다. 1908년 미국 천문학자인 헨리에타 리빗은 밤하늘 어디서나 발견되는 변광성의 일종인 세페이드 변광성을 연구하고 있었다.

프리드리히 버셀,
별들이 얼마나 멀리 있는지
최초로 알아낸 사람

변광성은 며칠에서 몇 주까지의 정해진 주기를 가지고 밝아졌다 어두워졌다를 반복한다. 리빗은 이런 별의 주기와 그 별이 내놓는 빛의 양(광도) 사이에 직접적인 연관이 있다는 것에 주목했다.

만약, 어떤 별이 내놓는 빛의 양(절대 밝기)을 안다면, 하늘에서 그 별이 얼마나 밝은가(겉보기 밝기)를 측정함으로써 그 별이 얼마나 멀리 있는지 알 수 있다 - 멀리 있는 별일수록 더 어둡게 보인다. 천문학자들은 시차를 이용하여 가장 가까운 세페이드 변광성들의 거리를 미리 측정해 놓았다. 이제는 이미 거리를 알고 있는 세페이드와 다른 곳에 있는 동일한 주기를 갖는 다른 세페이드를 비교하여, 훨씬 더 먼 거리의 별이나 성운의 거리를 계산할 수 있었다.

미국의 또 다른 천문학자 에드윈 허블은 1923년 캘리포니아 월슨 산에서 후커 망원경으로 작업을 하고 있었다.

헨리에다 리빗은 우주에서 먼 천체들의 거리를 재는 새로운 방법을 발견했다.

오른쪽 아래: 이 최신의 사진에는 이제까지 관측한 가장 먼 은하들이 붉게 보인다.

그는 새로운 방법을 이용하여 눈여겨 보아 왔던 안드로메다 및 다른 성운 내의 세페이드 변광성까지의 거리를 계산하였다. 그는 그것들이 수백만 광년 떨어져 있다는 것을 알고 놀라게 되는데, 이는 밤하늘의 어떠한 개별적인 별들의 거리보다 훨씬 더 먼 것이었다. 커티스가 옳았다. 우주는 그 누가 상상하였던 것보다도 훨씬 크며, 우리 은하계는 단지 많은 은하 중 하나일 뿐이었다.

## 팽창하는 우주

1929년에 허블은 또 다른 발견을 하게 된다. 그는 각 은하들이 내놓는 빛의 스펙트럼을 관측하여 46개 은하의 속도를 측정해 낼 수 있었다. 광원이 다가오면 광원이 방출하는 빛은 스펙트럼의 파란색 쪽으로 이동하고(청색편이), 광원이 멀어지면 붉은색 쪽으로 이동한다(적색편이). 허블은 모든 은하들이 '적색편이'된다는 것을 알게 되었다. 다시 말해, 모든 은하들이 지구로부터 매우 빠르게 멀어지고 있었다. 지구가 우주의 중심에 있지 않는 한, 한 가지 설명만이 가능했다. 우주 전체가 끊임없이 팽창하고 있는 것이다.

# 머나먼 곳으로부터의 데이터 수집

허블이 사용하였던 후커 망원경에도 대부분의 대형 망원경처럼 우주로부터의 빛을 모으고 초점을 맞추기 위해 렌즈 대신 곡선 모양의 거울이 달려 있었다. 망원경의 렌즈나 거울이 커질수록 영상은 더 선명해지고 더 많은 빛을 수집할 수 있어서 천문학자들이 희미한 물체를 관측할 수 있다. 망원경에 빛에 민감하게 반응하는 사진 건판을 붙이면 천문학자들은 자신들이 관찰한 결과를 영구히 기록할 수 있다.

에드윈 허블

# 불확실한 세계

## 작은 크기의 기묘함에 대해 알아보자

**함께 탐구할 과학자들**

**닐스 보어 :** 고정된 전자 궤도

**막스 플랑크 :** 양자이론

**에르빈 슈뢰딩거 :** 모호한 궤도함수

닐스 보어와 그의 아내 마르그레테

전자와 원자핵이 발견된 이후, 과학자들은 전자와 원자핵이 어떻게 결합하여 원자가 되는지 알아내기 위해 노력했다. 1920년대 말엽, 과학자들은 이론과 실험을 통해 미시 세계가 아주 이상한 방식으로 작동된다는 결론에 이르렀다.

어니스트 러더퍼드는 - 모든 원자의 중심에 양전하가 집중되어 있는 - 원자핵을 발견한 이후, 행성들이 태양 주위를 도는 것처럼 전자가 원자핵 주위를 돌고 있을 것이라고 생각했다. 하지만 이 생각에는 커다란 문제가 있었다. 원운동을 하는 전자는 전자기파를 방출하고, 에너지를 잃게 된다는 것은 그 당시 물리학자들 사이에서는 상식이었다. 그렇다면 전자는 점점 원자핵을 향해 나선형을 그리며 가까이 다가가다 결국엔 핵에 달라붙게 될 것이다.

1913년 덴마크의 물리학자 닐스 보어는 전자는 오직 일정한 '허용된' 궤도를 돌며, 전자가 에너지를 잃었을 때 나선을 그리며 하락하는 것이 아니라, 다른 궤도로 '점프'한다고 제안하였다. 그리고 가장 낮은 에너지를 가진 원자도 저에너지 궤도에 남아 있게 되는데, 보어는 이를 '바닥 상태'라고 불렀고, 이 상태에서 핵으로 떨어지지 않는다.

## 양자 도약

보어는 1900년에 독일의 물리학자, 막스 플랑크가 제안했던 이론에서 아이디어를 얻었다. 플랑크는 - 화산 속에서 주황색으로 달아오른 용암과 같은 - 뜨거운 물체에서 나오는 빛을 설명하기 위해 비슷한 제안을 했었다. 그는 자신의 방정식과 관찰 결과를 일치시키기 위해 에너지가 '양자화'되어 있다고 가정해야만 했다 - 전자가 에너지를 얻거나 잃을 때, 연속적이 아니라 불연속적인 단계, 즉 양자 도약을 한다는 것이다.

플랑크는 자신의 급진적인 제안이 옳을 것이라고 확신하지 못했다. 하지만 1905년 알버트 아인슈타인은 빛이 원자 밖으로 전자를 '방출'시킬 수 있는 또 다른 결과를 설명하기 위해 플랑크의 아이디어를 사용했다. 아인슈타인은 빛이 '광자'라는 에너지 다발로 존재할 것이라고 생각했다. 빛은 더는 우주 공간을 퍼져 나가는 파동이 아닐 수도 있다는 것이다. 당시 그 누구도 이러한 의견에 동조하지 않는 듯했다. 하지만 이는 관찰 가능한 경험과 수학적 계산이 서로 딱 맞아떨어지는 설명이었다.

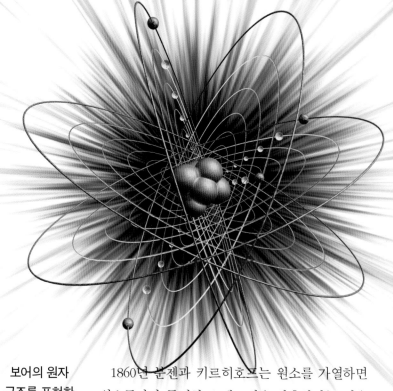

보어의 원자 구조를 표현한 이미지. 전자는 일정한 거리에서, 일정한 에너지를 가지고 핵 주위를 돈다.

1860년 분젠과 키르히호프는 원소를 가열하면 원소들마다 특정한 스펙트럼을 방출한다는 것을 발견했는데, 보어는 그 이유에 대해서도 설명했다. 원자가 열이나 전기로부터 추가적인 에너지를 받으면 전자는 더 높은 에너지 궤도로 점프한다. 전자가 다시 낮은 궤도로 떨어지면서 빛을 내보내는데, 빛의 색은 에너지 준위의 차이에 따라 다르다 - 그리고 그 차이는 원소에 따라 달라진다.

## 막스 플랑크의 '양자화'된 에너지 준위 개념은 원자 안에 있는 전자의 움직임을 잘 설명했다.

## 전자 궤도

1920년대 상황은 더 이상해졌다. 그때쯤 과학자들은 아인슈타인이 옳다는 것을 확신할 만큼 충분

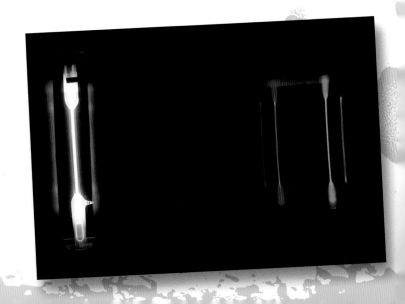

수은을 가열하면 푸른색, 녹색, 붉은색 스펙트럼을 보여준다. 각각의 색깔은 전자가 높은 에너지 준위에서 낮은 에너지 준위로 떨어질 때 나타난다.

한 증거들을 찾았다. 빛은 정말로 광자로 이루어져 있다. 하지만 빛은 또한 여전히 파동의 성질을 나타내기도 했다 - 이상하게도 빛은 파동이면서 동시에 입자였다.

1923년 프랑스의 물리학자 루이 드브로이는 반대로 될 수도 있는지 궁금했다: 즉 전자와 같은 입자들 또한 파동의 성질을 보일지도 모른다. 드브로이의 아이디어를 방정식에 적용하는 순간, 보어의 전자 궤도가 완벽하게 이해되었다. 즉 허용된 궤도에만 전자의 '파동'이 완벽하게 들어맞았다. 그것은 마치 전자들이 원자를 감싸고 진동하는 기타 줄과 같았다.

## 모호한 궤도함수

상황은 한층 더 이상해 졌다. 1926년 오스트리아의 물리학자 에르빈 슈뢰딩거는 전자의 파동적 성질을 설명하는 방정식을 고안해 냈다. 그것은 보어의 에너지 준위를 완벽하게 예측했다. 하지만 슈뢰딩거의 방정식은 전자가 어디에 있는지를 언제나 예측해 주는 것이 아니라, 특정한 시간과 위치에 전자가 존재할 확률을 결정할 수 있을 뿐이었다.

슈뢰딩거는 엄청나게 복잡한 방정식을 통해 파동처럼 행동하는 입자에 관하여 포인트를 잡았다.

보어의 잘 정의된 궤도는 모호한 '궤도함수'가 되었다. 슈뢰딩거는 미시 세계에 대한 심오한 진실을 밝혀냈다: 모든 물질 입자들이 '확률 파동'의 적용을 받는다는 것이다.

그 이후로 슈뢰딩거의 방정식을 해석하기 위한 시도는 계속 물리학자들을 혼란스럽게 했다. 그 누구도 입자의 파동성과 파동의 입자성이 실제로 무엇을 의미하는지 잘 알지 못했다. 하지만 양자물리학의 방정식은 원자와 전자의 성질을 매우 정확하게 예측하고 설명해 주었다. 게다가 양자물리학이 없었다면 디지털 혁명은 일어날 수 없었을 것이다. 컴퓨터의 작은 집적 회로 속 전자의 작용은 양자물리학의 발견으로 가능해졌기 때문이다. 레이저 또한 양자물리학의 방정식을 이용하여 발명할 수 있었다.

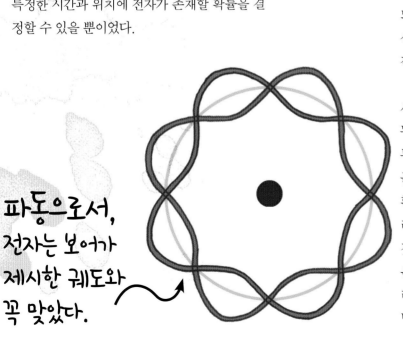

파동으로서, 전자는 보어가 제시한 궤도와 꼭 맞았다.

# 입자의 세계

## 숨겨진 세계에서 놀라운 아원자를 발견해 보자

**함께 탐구할 과학자들**

**폴 디랙 :** 반입자

**칼 앤더슨 :** 양전자 발견자

**유카와 히데키 :** 원자핵을 결합하는 강한 상호작용

**존 코크로프트, 어니스트 턴 :** 핵에너지 개발

특 수 상대성 이론과 양자물리학이라는 새로운 이론들이 발표된 후, 과학자들은 직접 경험할 수 없는 세계 - 원자보다 작은 아원자 입자들의 세계 - 를 새롭게 통찰할 수 있었다. 물리학의 새로운 이론들은 끊임없이 움직이고 역동적이며 보이지 않는 세계의 덮개를 벗겨 내고 있었다.

1931년, 잉글랜드의 물리학자 폴 디랙은 양자물리학의 모든 방정식과 아인슈타인의 상대성 이론을 결합하여 하나의 새로운 방정식을 얻었다. 그리고 완전히 새로운 입자들의 조합을 발견하였다. 디랙의 방정식은 모든 종류의 입자에는 질량은 같고 전하가 반대인 '반입자'가 있음을 시사했다. 특히, 디랙은 양전하를 띤 '반 - 전자'의 존재를 예측했고, 양전자라고 이름 붙였다.

믿을 수 없게도, 바로 1년 뒤에 미국의 물리학자 칼 앤더슨이 양전자를 발견함으로써 디랙이 옳았다는 것이 증명되었다. 앤더슨은 수증기로 가득 찬 안개상자 속에서 '양전자를' 발견했는데, 마치 비행기가 맑고 푸른 하늘 높이 비행기 구름을 남기는 것처럼 입자들은 안개상자 속에 궤적을 남긴다. 안개상자 속의 자기장과 전기장은 전하를 띤 입자들을 휘게 하는데, 과학자들은 궤적이 어느 방향으로 얼마나 휘는지를 보고 입자의 질량과 전하를 알 수 있다.

위 : 국제 방사선 표식.
왼쪽 : 원자력 발전소.

## 보이지 않는 힘들

1930년대부터 과학자들은 새로운 아원자 입자들을 발견하기 시작했다. 그 중 양전자는 첫 번째 발견이었다. 앤더슨은 1936년에 뮤온이라는 또 다른 입자를 발견하였는데, 200배 무거운 형태의 전자임이 밝혀졌다. 앤더슨은 완전히 다른 입자를 찾고 있었는데, 1934년에 일본의 물리학자 유카와 히데키가 존재를 예측했던 중간자였다.

유카와는 원자핵이 어떻게 결합되어 있는지 설명하기 위하여 중간자를 제시했다. 그는 여러 개의 양성자들로 이루어진 핵이 가깝게 밀집된 양전하를 띤 양성자들끼리의 반발력 때문에 - 만약 그들을 함께 모아 두는 강한 힘이 없다면 - 뿔뿔이 흩어질 거라는 것을 깨달았다. 유카와는 - 오늘날 강한 상호작용이라고 부르는 - 신비한 힘이 양성자와 중성자 사이를 쌩쌩 날아서 왔다 갔다 하는 입자들에 의해 '전달'될 것이라는 것을 알아냈고, 이 입자들의 질량이 얼마인지도 계산해 냈다. 유카와가 예측한 입자는 1947년에 마침내 발견되었다. 원자핵 안에 있는 입자들에게 영향을 미치는 - 약한 상호작용이라고 불리는 - 또 다른 힘이 역시 1930년대에 예측되었고, 그 힘을 전달하는 아원자 입자들이 1960년대와 1970년대에 확인되었다.

## 입자 가속기

과학자들은 입자 가속기에서 질량과 전하의 조합이 각기 다른 수백 개의 다른 입자들을 발견하였다. 입자 가속기는 입자들을 빠른 속도로 서로 충돌시키는 장치다. 최초의 입자 가속기는 1929년에 잉글랜드의 물리학자 존 코크로프트와 아일랜드의 물리학자 어니스트 월턴이 만들었다. 1932년, 전 세계의 신문은 그들이 '원자를 쪼겠다'고 보도했다. 사실, 그들은 '핵을 쪼겠다'. 코크로프트와 월턴은 빠른 속도의 양성자를 리튬으로 된 작은 목표물에 충돌시켰다. 양성자가 리튬 원자의 핵에 충돌할 때마다 핵이 두 조각이 났고, 조각들은 황화아연으로 된 막에 부딪혀 작은 섬광을 만들어냈다.

칼 앤더슨의 안개상자에서 자기장에 휘어지는 양전자, 1932년

유카와 히데키는 핵을 함께 묶어 놓고 있는 강한 힘에 심취했다.

## 원자력

1930년대에 더 큰 핵을 가진 원소로 실험하여 핵분열을 발명했다. 이 반응은 원자력 발전소와 핵무기의 에너지를 생산한다. 우라늄은 모든 자연적으로 존재하는 원소들 중 가장 큰 핵을 가진다. 그리고 한 가지 형태는 불안정한 핵을 가지고 있어 핵분열에 사용하는데 이상적이다. 분열 반응에서 큰 핵은 붕괴하여 두 개로 쪼개지고 에너지를 방출한다. 핵은 또한 붕괴할 때 중성자를 방출하고, 이들 중성자는 다시 다른 핵이 붕괴하는 것을 유발할 수 있다. 적절한 조건에서 한 장소에 충분한 우라늄이 있다면 이 과정은 '연쇄 반응'이 될 수 있다. 원자력 발전소에서 연쇄 반응은 조심스럽게 통제된다 - 그러나 핵폭탄에서는 그렇지 않다.

입자 가속기를 켜고 원자를 충돌시킬 준비를 하고 있는 코크로프트와 월튼

코크로프트와 월튼의 실험은 핵에서 에너지를 풀려나게 하였다. - 실험 전보다 후에 에너지가 더 많았다. 이 '여분의' 에너지는 질량 손실로써 계산될 수 있었다. 충돌 후에 남겨진 핵 조각들의 총질량은 충돌 전 리튬 핵의 질량보다 적었다.

이 실험은 아인슈타인 방정식, $E=mc^2$ 을 최초로 증명했다. 여분 에너지의 양은 광속의 제곱과 손실된 질량을 곱한 값과 같았다. 그리고 그것은 핵 속에 숨겨진 질량 - 에너지를 통제하고 이용할 수 있다는 첫 번째 증거였다.

원자 폭탄은 겨우 수 킬로그램의 우라늄이나 플루토늄을 사용하여 수천 톤의 재래식 폭발물과 같은 에너지를 방출할 수 있다.

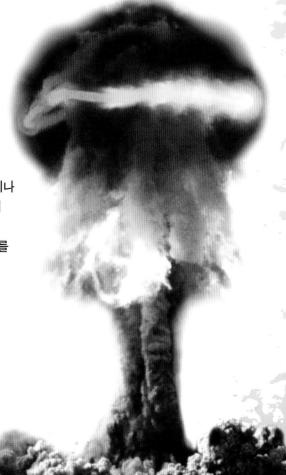

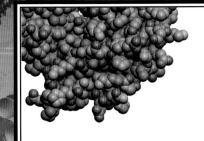

# 유전자 분석

## 생명의 암호를 풀어 보자

**함께 탐구할 과학자들**

**프리드리히 미셰르 :** DNA 발견자

**프레드릭 그리피스 :** 형질전환의 원리

**로잘린드 프랭클린 :** X-선 회절 실험

**제임스 왓슨, 프란시스 크릭 :** DNA의 이중나선 구조

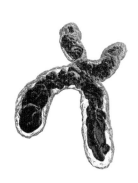

물리학자들이 아원자 입자들을 많이 찾아내고 있던 때에 생물체 안에서의 화학 반응을 연구하는 생화학자들은 정확히 어떻게 유전자가 한 세대에서 다음 세대로 정보를 전달하는지를 밝혀내는데 어려움을 겪고 있었다. 그 해답은 DNA라고 불리는 화합물에 있었다.

DNA는 디옥시리보 핵산(deoxyribonucleic acid)으로 1869년 스위스의 생물하자 프리드리히 미셰르가 인간 세포의 핵에 들어 있는 화학적 성분을 알아내려 노력하던 도중 밝혀냈다. 미셰르는 백혈구의 핵으로부터 화학 물질을 추출하는 방법을 발견하였다. 이 백혈구들

**프리드리히 미셰르는 세포핵에서 매우 중요한 화합물을 발견하였다.**

은 고름 내에 풍부하게 들어 있기 때문에 그는 병원으로부터 오염된 붕대를 얻었다. 미셰르가 세포핵의 화합물들을 분석하였을 때 그는 기대한 대로 주로 단백질을 발견하였지만, 어떤 화합물은 단백질이 아니었다. 그것은 수용액에서 약간 산성을 띠었고, 많은 양의 인이 포함되어 있었다. 그것이 무엇인지 확실하지는 않았지만 미셰르는 그것을 '뉴크레인(nuclein)'이라 불렀다. 그러나 그것이 달라붙어 있던 단백질에서 분리되어 정제되었을 때 과학자들은 핵산이라 부르기 시작하였다. 유전 정보를 전달하는 데 있어 핵산의 역할이 밝혀지는 데는 70년 이상이 걸리게 된다.

예술가가 그린 염색체 상상도.
한 가닥의 DNA가 단백질 주변을 감고 있다.

하나의 염색체는
수백 개 심지어 수천 개의
유전자를 가지고 있다.

서 많이 발견되었다.

1920년대에 와서 생화학자들은 단백질이 세포 안쪽에서 만들어지며, 단백질을 만들기 위한 지침은 염색체에 있는 유전자 지침이어야 한다는 것을 밝혀냈다.

## 메시지 전하기

단백질을 만드는 정보를 전달하는 데 있어 DNA 역할의 발견은 1928년에 시작되었다. 잉글랜드의 미생물학자인 프레드릭 그리피스는 폐렴을 예방하기 위한 백신을 만들고자 노력 중이었다. 그의 실험에서 또 다른 형태의 형질 - 유전자정보 - 을 얻은 세균의 한 형태는 그리피스가

헤모글로빈 단백질 분자의 모델.
회색 공이 탄소 원자다.

## 단백질의 생산 과정

20세기 초, 과학자들은 유전자가 모든 세포의 핵 안에 있는 염색체에 존재한다는 것을 발견하였다. 과학자들은 수천 개의 유전자가 있으며, 유전자가 머리카락 색, 피부색 등의 지침, 즉 생명체의 모든 형질을 운반한다는 것을 깨달았다. 염색체는 생명의 형태를 만드는 지침서 같은 것이었다. 하지만 어떻게 세포핵 안에서 지침서가 쓰일 수 있었을까?

19세기 중반 이후로 화학자들은 생물체들이 주로 단백질이라 불리는 화합물로 구성되어 있다는 것을 알고 있었다. 단백질은 머리카락과 손톱의 주성분인 케라틴을 포함하는 수백만 가지의 다른 형태를 가지고 있고, 세포들 안쪽에

## 세포 단백질

살아 있는 세포는 셀 수 없이 많은 화학 반응이 일어나고 있는 가방과 같다. 그 가방, 즉 '막(membrane)'은 주로 지방이다. 그러나 세포 안쪽 화학 물질은 주로 단백질이다. 단백질은 탄소를 기반으로 한, 즉 '유기' 물질이다. 탄소 원자들의 연결, 즉 '결합(bond)'은 긴 사슬과 고리를 만든다. 그리고 그것이 단백질이 그토록 매우 다양한 이유이다.

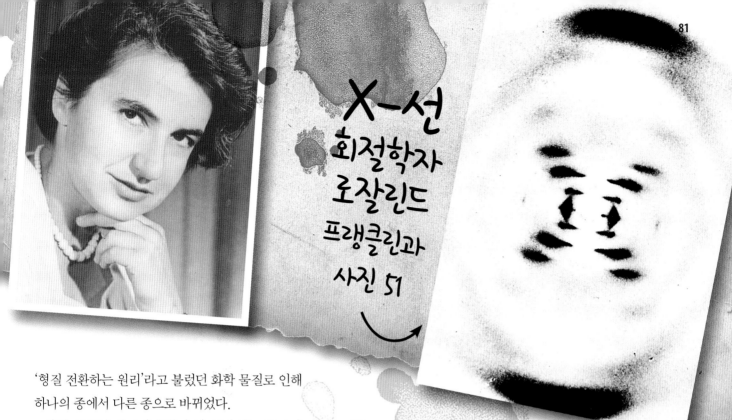

# X-선
## 회절학자
## 로잘린드
### 프랭클린과
### 사진 51

'형질 전환하는 원리'라고 불렀던 화학 물질로 인해 하나의 종에서 다른 종으로 바뀌었다.

한편 1933년 벨기에 화학자 장 브라쉐는 DNA가 핵 안의 염색체에 있다는 것을 알아냈다. 연구에 힘을 쏟은 10년 후인 1943년에 캐나다의 의료 연구원인 오스왈드 에이버리가 이끄는 팀이 그리피스의 형질전환 물질이 DNA임을 증명하였다.

그 결과 만약 과학자들이 DNA 분자의 구조를 연구하였을 때 그들은 어떻게 DNA가 유전 정보를 전달하는지를 연구하는 것이 가능하게 되었다. 화학적 분석 방법은 DNA가 여러 개의 다른 부분들, 즉 당의 한 종류인 디옥시리보스, 인산, '염기'라 불리는 4개의 화합물로 이루어졌음을 알려준다. 4개의 염기는 아데닌(A), 타이민(T), 구아닌(G), 사이토신(C)이다. 과학자들은 A가 풍부한 어떤 DNA 시료 속에는 항상 T도 같은 양이 존재하고, G는 C와 같은 양이 존재한다는 것도 알아냈다. 그러나 어떻게 당과 인산, 염기가 함께 조립되었는지를 연구하는 노력은 도전할 과제로 남았다.

## 점들이 의미하는 것

1940년대 후반, 과학자들은 유기 분자의 구조를

**1952년, 로잘린드 프랭클린은 사진 51을 촬영하였다. 점들은 X-선이 DNA 분자에 부딪혀 튕겨 나와서 만들어졌다. 점들의 위치는 DNA 구조의 단서를 제공해 주었다.**

알아내기 위해 X-선 회절이라 불리는 기술을 사용하기 시작하였다.

결정에 X-선을 쪼이면 X-선이 원자들에 부딪혀 튕겨 나와 빛에 민감한 광학 필름에 점들의 패턴을 형성하게 된다. 그래서 점들의 패턴으로부터 원자의 배열을 연구하는 것이 가능해졌다. 이것은 매우 일정한 결정 구조를 가지고 있는 광물과 같은 물질에 꽤 쉽게 쓸 수 있다. 그러나 DNA와 같은 큰 유기물 분자들에서는 더 어렵다. 왜냐하면, 큰 유기물 분자들은 종종 결정들보다는 긴 섬유 형태를 하고 있고, 그들의 원자 배열이 매우 복잡하기 때문이다.

1951년 뉴질랜드 태생 물리학자 모리스 윌킨스는 몇 가지 DNA에 대한 X-선 회절 결과를 얻기 위해 애쓰고 있었다. 이 DNA X-선 회절 결과는 DNA 분자가 '나선' 구조 - 감겨진 수프링과 같은 모양 - 여야 한다는 것을 가리키고 있었다. 윌킨스의 동료인 잉글랜드 물리학자 로잘린드 프랭클린은 X-선 회절 실험을 좀 더 했고, 1952년 그녀는 명확한 점들의 패턴을 얻었다.

오른쪽 : 염색체로부터
나온 DNA 가닥
맨 오른쪽 : 이중나선
분자 모형을 확대한 것

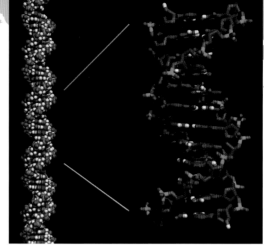

크릭과 왓슨
DNA 모형을 조립하다

오른쪽 : 세포핵의 단면도.
맨 오른쪽 : 염색체를 확대한 것과
그 안의 DNA 이중나선 구조

한편 미국의 분자생물학자인 제임스 왓슨과 프린시스 크릭은 필사적으로 누구보다도 먼저 DNA 구조를 파악하기 위해 노력하고 있었다. 왓슨과 크릭은 프랭클린의 사진을 보게 되었고, 그들은 1953년 실험실에서 DNA의 모형을 만드는 데 성공하였다.

### 생명의 암호

왓슨과 크릭은 DNA가 나선형 계단 같은 모양의 이중 구조임을 밝혀냈다. 당과 인산은 분자의 꼬인 '뼈대'를 이루고 있고, 4개의 염기는 뼈대를 따라 계단처럼 일정한 간격으로 붙어 있다. 염기는 A와 T, G와 C가 짝을 지어 연결되어 있는데 이것은 DNA 시료에서 A와 T, G와 C의 양이 항상 같은 것을 설명해 준다.

염색체는 DNA 분자가 히스톤이라고 불리는 단백질의 덩어리로 둘러싸여 꼬여 있는 형태이다. '염기 쌍'은 분자에 있는 생명의 암호 문자이다. 그들은 단백질을 구성하기 위한 지침의 형태인 유전자에 있는 유전 정보에 대해 자세히 알려 준다. 세포핵 안에서 이중나선이 풀리고 유전자의 복사본이 세포질로 보내진다. 리보솜이라 불리는 단백질은 유전자 복사본으로부터 암호를 읽은 후 단백질을 만든다. 이 놀라운 과정은 수백만 번 이루어지고 있으며, 지금 이 순간에도 우리의 몸속 (거의)모든 세포 안에서 이루어지고 있다.

# 종의 기원

## 인류의 출발점을 찾아내 보자

**함께 탐구할 과학자들**

**찰스 다윈** : 인류 진화론

**레이먼드 다트** : 원시 인류의 화석 발견

**루이스 리키 & 메리 리키** : 최초의 원인 화석 발견

왓슨과 크릭이 DNA의 구조를 알아내고 6년이 지난 1959년, 화석을 조사하던 과학자들이 먼 인류 조상의 두개골을 발견하였다. 그것은 그 당시 발견된 가장 오래된 인류의 조상 두개골이었다 - 그리고 그것은 인류가 아프리카에서 출현했다는 것을 시사했다.

1871년, 찰스 다윈은 인류 진화에 대한 책 《인간의 유래, Descent of Man》를 출판하였다. 그 책에서 그는 다음과 같은 예언을 했다: 인류 조상의 화석은 아마 아프리카에서 발견될 것이다. 왜냐하면, 그곳이 그가 인간의 가장 가까운 친척이라고 믿었던 동물들 - 고릴라와 침팬지 - 의 자연환경이었기 때문이었다.

인간과 유인원의 유사성에도 불구하고, 많은 사람들이 다윈의 생각을 비웃었다. 일부는 인류가 동물계와 완전히 분리되어 있다는 낡은 사고에 매달려 있었다. 그리고 유인원을 조상으로 둔다는 생각에 충격을 받았다. 그 당시에는 유인원에서 인간으로 종의 진화를 보여주는 화석 증거가 없었다. 그래서 인간 모양의 화석에 특별한 관심을 가진 - 고인류학자로 알려진 - 과학자들은 '잃어버린 고리'를 찾기 시작했다.

### 화석이 발견되다

인간이 유인원으로부터 진화했다고 믿었던 사람들조차도 대부분 인류가 유래한 장소에 대해 다윈에 동의하지 않았다. 고인류학자들은 유럽에서 '네안데르탈인'의 화석을 발견하였고,

**다윈을 풍자한 그림**
1871년 만화에서

위: 레이먼드 다트와
타웅 아이
아래: 발굴한 것들을
조사하고 있는
루이스 리키와
메리 리키.

흔적을 찾아 아프리카에 여러 차례 갔다. 그리고 1959년, 조사한 지 20년 만에, 그들은 탄자니아의 올두바이 협곡(동아프리카에 있는 그레이트 리프트 밸리)에서 놀라운 화석을 발견하였다. 그것은 '원인'의 두개골의 일부였는데, 그는 직립보행을 했을 것이고, 뇌가 작았으며, 근처에서 발견된 증거에 의하면 간단한 석기를 사용했다.

운 좋게도, 칼륨 - 아르곤 연대 측정법으로 알려진, 암석의 연대를 추정하는 새로운 방법이 그때 막 발명되었다. 리키 부부의 표본은 거의 200만 년 정도 된 것으로 측정되었다. 그 후에 인류가 아프리카에서 진화했다는 것이 인정받기 시작하였고, 그리고 나서 아프리카에서 440만 년 된 화석을 포함한 많은 다른 인간 화석들이 발견되었다.

인도네시아(1891년)와 중국(1923년)에서도 인간일 가능성이 있는 다른 화석들을 발견하였다. 그러다 1924년에 오스트레일리아의 해부학자 레이먼드 다트가 남아프리카에서 인간처럼 보이는 어린 생명체의 화석화된 골격을 발견하였다(나중에 '타웅 아이'라고 불렀다). 다트는 이것이 잃어버린 고리라고 확신했다: 그것은 유인원처럼 두개골이 작았지만, 두개저골*에 있는 구멍의 위치는 직립보행했음을 시사했다.

아프리카에서 인간의 조상처럼 보이는 두개골과 뼈들의 화석이 여럿 발견된 뒤에도, 인류 조상으로부터의 잃어버린 고리라고 확신한 사람들은 거의 없었다. 그럼에도 불구하고 잉글랜드의 고인류학자 루이스 리키와 매리 리키는 우리 조상의

* 두개저골:
두개골의 아래
부분에 있는 기관
연결 부위

## DNA 증거

우리의 조상들에 대해 이야기해 주는 것은 화석만이 아니다. 최근에 인간 DNA에 대한 연구를 통해 현생 인류는 20만 년 전에 출현했고, 네안데르탈인과 인도네시아와 중국에서 발견된 인간과 비슷한 종들이 우리의 직접적인 조상이 아니라는 것이 밝혀졌다 - 그들은 진화 나무[계통수]의 다른 가지에 속해 있다. 그러나 우리는 약 100만 년 전에 살았던 그들과 조상이 같다. 그리고 침팬지와도 조상이 같은데, 700만 년 전에 살았던 어떤 동물이다.

인간의 진화에 대한 많은 질문들이 풀리지 않은 채 남아 있다. 그러나 한 가지는 확실하다: 가계도를 충분히 멀리 거슬러 올라가면, 다윈이 제시했던 그대로 아프리카에 살던 유인원을 만나게 될 것이다.

약 400만 년 전,
네 발 대신 두 발로 걷는 것은
진짜 튀어 보인다.

# 움직이는 아이디어

## 산과 바다가 어떻게 만들어졌는지 알아보자

**함께 탐구할 과학자들**

**알프레드 베게너 :** 대류이동설을 주장

**아서 홈스 :** 대류 이동의 원인을 규명

**해리 헤스 :** 대류이동의 효과를 설명

**아**프리카에 살던 우리 조상들의 화석 발굴물의 대부분은 동아프리카를 관통하여 수천 킬로미터를 달리는 평평한 계곡인 동아프리카 지구대에서 발견되었다. 판구조론이라는 이론에 따르면, 이 계곡은 언젠가 대양이 될 것이다.

미국 지질학자 해리 헤스는 1962년 《대양저의 역사》라는 과학 보고서에서 대양저에 관한 이론의 개요를 소개하였다. 헤스는 대양저의 갈라진 틈을 통하여 녹은 암석들이 솟아올라 계속해서 새로운 암석들이 생성되고 있고, 이 새 암석들은 갈라진 틈 양쪽 바깥으로 오래된 해양저를 지속적해서 밀어내고 있다고 주장하였다.

'해저확장설'로 불리는 헤스의 이론으로 지난

해리 헤스가 자신의 이론을 설명하고 있다. 칠판의 그림에는 해저가 확장되면서 대륙들이 서로 멀어지도록 밀어내고 있는 것을 보여준다.

50년간 대부분의 지질학자들이 거부했던 오래된 한 이론이 새로운 지지를 받게 되었다.

### 대륙 퍼즐

1912년, 독일의 지질학자이며 탐험가인 알프레드 베게너는 지구의 대륙들은 항상 움직이고 있다고 주장하였다. 더 나아가 그는 대륙들이 과거에 하나의 초대륙으로 뭉쳐져 있었고, 그 이후로 서로 떨어져 이동하고 있다고 제안하였다. 이런 생각은 세계지도에서 대륙들이 조악한 퍼즐들처럼 얼추 들어맞는 이유를 이치에 맞게 설명하고 있다. 이 이론은 또한 거대한 대양에 의해 멀리 떨어진 대륙에서 매우 비슷한 화

"만약 맨틀 대류설을 받아들이면, 대양 분지와 그 안의 바다의 진화를 설명할 수 있는 꽤 합리적인 스토리를 만들 수 있다." 해리 헤스, 1962년

이 뜨거운 액체가 상승하는 것을 대류라고 한다. 홈스는 녹은 암석들이 식을 때 다시 맨틀로 하강하는 것을 컨베이어 벨트처럼 생각하고, 상승과 하강 흐름이 다 같이 '대류 순환'을 형성한다고 생각했다.

## 판 운동

해리 헤스는 홈스가 접할 수 없었던 추가적인 정보를 접하게 되고 홈스가 옳았다는 것을 알게 되었다. 특히 헤스는 거대한 해양산맥들이 표시된 대양저 지도를 갖고 있었는데, 이들 해양산맥들은 마치 지구의 지각에 생긴 거대한 흉터처럼 주요 대양 바닥을 관통하여 지나가고 있었다. 그는 또한 대양저 지각의 온도 기록을 갖고 있었는데, '중앙 해령'을 따라서 존재하는 암석들이 다른 지역의 암석들보다 훨씬 따뜻하다는 것을 보여 주고 있었다.

맨틀이 대류 순환한다는 이론은 맨틀을 통하여 암석이 지표에 생겨나고 암석이 표면에서 다시 잡아당겨져서 맨틀로 되돌아오는 것뿐 아니라, 지진과 화산의 원인을 설명하는데도 도움을 주었다.

대륙 조각 퍼즐을 맞추고 있는 **베게너**

석들이 발견되는 이유와, 넓은 대양의 반대편에서 서로 들어맞는 암석 형태들이 존재하는 이유를 설명했다.

1929년에 영국 지질학자 아서 홈스는 베게너의 '대륙이동'이 어떻게 일어나는가에 대한 연구를 진행하였다. 우리 지구의 딱딱한 바깥층(지각) 밑에 거대한 녹은 암석(맨틀)의 층이 있다. 홈스는 맨틀의 표면으로 올라오는 뜨거운 액체 암석이 대류을 쪼개고 그 조각들을 서로 멀리 밀어낼 수 있다고 추측하였다.

대류 현상은 해저 확장뿐 아니라 다른 영향을 미친다. 그 중 몇 가지를 아래 그림에서 보여준다.

섭입 : 한 판이 다른 판 밑으로 당겨져 들어간다.

중앙 해령 : 깨진 틈으로 녹은 암석이 솟아오르고 있다.

열점 화산들 : 녹은 암석들이 지각을 뚫고 나오는 곳이다.

색칠된 띠들은 대서양의
중앙 해령 양쪽에서의
균일한 지자기 변화
분포를 나타낸다.

오늘날의
판 경계 지도

## 확실한 증거

드디어 베게너의 대륙이동, 나이가 젊은 해양판, 화산, 지진을 설명하는 헤스의 이론이 등장하였다. 헤스의 이론을 어떻게든 증명하기 위해 과학자들은 1963년에 어떤 실험을 제안하였다. 지질학자들은 지구의 자기장이 오래 세월에 걸쳐 이동했다는 것과, 그 변화가 암석에 보존되어 있다는 것을 알고 있었다. 녹은 암석 속의 자기 입자들은 자유롭게 지구의 자기장에 나란히 정렬되지만, 고체 암석에서는 자기 입자들이 더는 움직일 수 없기 때문이다. 만약 헤스의 이론이 옳다면, 자기장 변화의 기록이 중앙 해령 양쪽에 똑같게 나타날 것이다. 1960년대 후반에 해양저의 자기 탐사로 그것을 정확히 알아냈다.

이 과정을 '섭입'이라 하고, 해양지각이 대륙과 만나는 곳에서 발생한다. 얇은 해양지각은 더 두꺼운 대륙지각 밑으로 밀려들어 가는데, 그때 둘은 서로 마찰하게 되고 그 마찰로 인해 열과 진동이 발생한다. 그 운동은 결코 부드럽게 일어나지 않는다. 응력이 축적되고, 그 응력은 우리가 지진으로 경험하는 순간에 한꺼번에 터져 나온다. 또 지하 깊은 곳의 열로 인해 암석이 녹고, 이 중 몇몇의 녹은 암석이 종종 지각을 뚫고 올라와 화산을 형성한다. 이와 동시에 서로 구겨진 판들이 땅을 위로 밀어 올리면서 산맥을 형성한다.

## 늘 변하고 있는 광경

오늘날 대륙이동설은 판구조론으로 알려져 있다. 우리 지구의 지각은 깨진 달걀과 같고, 각각의 깨진 조각들을 '판'이라고 한다. 대부분의 판들은 대륙을 옮기고, 판들이 만나는 경계에서 해양지각이 해저 확장으로 생성되거나 섭입으로 소멸되고 있다.

때로는 판 내에서 균열이 생겨 새로운 판 경계를 형성하기도 한다. 이런 현상은 동아프리카 지구대에서 일어나고 있다. 이 동아프리카 지구대는 아프리카를 갈라놓고 있는 균열의 일부분이다. 아마도 수백만 년 후에 동아프리카 지구대의 계곡은 수백 킬로미터 벌어지고, 인도양의 바닷물이 밀려들어올 것이다.

지구대(열곡) :
대륙판이 서로 벌어진다.

조산 운동 :
2개의 판이 충돌한다.

# 우주로부터의 속삭임

## 태초의 우주를 되돌아 보자

**함께 탐구할 과학자들**

**조르쥬 르메트르** : 태초의 '원시 원자'

**프레드 호일** : '정상 우주론'을 주장

**아르노 펜지어스, 로버트 윌슨** : 우주배경복사를 발견

수학을 사용하여 우주 공간이 팽창하고 있을 수도 있다고 주장한 조르쥬 리메트르

**해**리 헤스가 해저확장설을 출간한 3년 후, 미국 물리학자 로버트 디키가 이끄는 연구팀이 우주로부터 오는 희미한 전파를 찾기 위한 연구를 시작했다. 그들은 그 전파가 우주의 기원을 이해하는 데 도움을 줄 것이라 믿고 있었다. 이후 그 전파가 존재하는 것으로 판정되었으나, 그것을 찾아낸 것은 그들이 아니었다.

디키와 그의 팀은 벨기에의 성직자이며 천문학자인 조르쥬 르메트르에 의해 이미 확립된 이론을 시험하려 하고 있었다. 1927년 르메트르는 아인슈타인의 일반상대성이론의 공식들을 이용하여 우주가 시간에 따라 어떻게 변화하는지 알아보았다. 그가 알아낸 결론은 우주가 팽창하고 있을 수도 있다는 것이었다.

2년 후, 은하들이 서로 멀어지고 있다는 천문학자 에드윈 허블의 관측으로 우주가 팽창하고 있다는 생각은 확실한 것처럼 보였다. 그로부터 다시 2년 후, 르메트르는 만약 시간을 반대로 되돌린다면 팽창하는 우주는 반대로 수축할 것이라는 것을 깨달았다. 따라서 태초에 우주는 매우, 매우 작았을 것이며, 르메트르는 이 상태를 '원시 원자'라고 불렀다.

### 두 개의 시나리오

1940년대에 영국 천문학자 프레드 호일은 다른 이론을 제기했다. 그는 우주는 항상 존재해 왔고 시작도 없었다고 제안하였다. 이 이론의

근거로서 호일은 태초에 모든 물질이 한 번에 생성되었다기보다는 새로운 물질은 언제나 어디서나 생성되어 왔다고 주장했다.

1949년, 그는 이 '정상 우주론'을 설명하면서, 르메트르의 이론에는 '빅뱅'이라는 단어를 사용하였다. 이후 르메트르의 '원시 원자'는 '빅뱅'이라고 불리게 되었다.

르메트르의 이론은 우주는 시작이 있었다고 주장하였고, 호일의 이론은 그렇지 않다고 주장하였다. 양자물리 및 핵반응에 대한 오늘날의 연구 결과에 의하면, 두 이론 모두 수소와 헬륨 같은 간단한 원소들을 구성하는 양성자, 중성자, 전자의 결합을 설명할 수 있다. 또한, 두 이론 모두 별들 속에서 수소와 헬륨으로부터 더 큰 원소들이 형성되는 것도 설명할 수 있다. 한동안 둘 다 그럴듯해 보였다. 따라서 둘 중 어느 이론이 맞는지 결정할 실험이 필요했다.

프레드 호일,
그의 '정상 우주론'은
우주배경복사를
예측하지 못하였다.

## 우주 복사

만약 빅뱅 이론이 옳다면, 매우 초기의 우주는 매우 작았을 것이고 매우 뜨거웠을 것이다.

그러므로 전자기 복사와 같은 초기 우주의 에너지를 감지하는 것이 가능해야 한다. 디키와 그의 팀이 1965년에 찾고 있었던 것이 바로 초기 우주 열에너지의 속삭임이라 할 수 있는 우주 복사였다. 그러나 이웃의 다른 두 과학자들이 우연히 발견한 것보다 더 빨리 그 탐색을 시작하지는 못했다.

1년 일찍, 물리학자 아노 펜지어스와 천문학자 로버트 윌슨은 우리 은하 주변의 먼지와 가스로부터 오는 전파를 감지할 희망으로 뉴저지의 전파 안테나에서 일을 시작했다. 펜지어스와 윌슨은 그들의 민감한 안테나가 불규칙적인 초단파로 보이는 짜증나는 '전파 소음'을 잡아내고 있다는 것을 알게 되었다. 그들은 우주 관측에 그 전파를 이용하도록 하기 위해 그 전파가 어디서 오는지 알아내는 작업에 착수하였다. 그들은 생각할 수 있는 모든 초단파의 근원을 제거하였다.

펜지어스와 윌슨은 잡음을 제거하기 위해 엄청난 노력을 기울였다.

## 이론을 실험하기

1965년 이후, 펜지어스와 윌슨이 발견한 '우주배경복사'는 훨씬 자세하게 연구되었고, 빅뱅 이론이 예측한 것과 여전히 잘 맞는다. 빅뱅 이론은 또 다른 방법으로도 실험되었다. 예를 들어 이 이론은 태초의 우주에 존재했을 수소 대 헬륨의 비율을 정확하게 예측한다. 그리고 거대 입자 가속기 안의 원자 구성 입자를 이용한 실험으로 작고, 뜨겁고, 조밀하고, 어린 우주에 존재했던 극한의 환경을 모사해 내는 데 성공하였다.

우리 우주의 근원을 밝히는 우주론에서는 아직도 더 발견해야 할 것과 연구해야 할 것들이 훨씬 더 많다. 빅뱅 이론은 물질의 생성과 우주의 팽창을 매우 잘 설명하는 데 반하여, '원시 원자'가 어디에서 왔는지, 자연법칙이 왜 지금과 같은지는 설명을 못 하고 있다. 그럼에도 불구하고, 우주로부터의 최근의 관측과 측정 결과는 강력하게 빅뱅 이론이 옳다고 지지하고 있다. 그래서 우리 우주는 137억 년 전에 매우 작고, 매우 조밀하고, 매우 뜨거운 물질과 에너지의 입자(점)로부터 시작한 것처럼 보인다.

왼쪽 : 하늘 전체에 걸친 우주배경복사 분포에 대한 이미지로서 초기 우주에서 약간의 온도 차이가 있었음을 보여준다.

공기, 태양, 목성, 레이더 시스템, 지구상의 라디오 방송, 심지어 안테나에 있는 비둘기와 그 똥마저 제거하였다. 마침내 그들은 그 신호가 정말 우주로부터 오고 있다는 것을 깨달았다.

사실 전파 소음은 우주 모든 곳에서 항상 오고 있었다. 두 과학자는 1년 내내 이를 관찰했고 계속 같은 결과를 유지하였다. 그들은 이 전파의 정체를 몰라 당황했지만, 곧 디키와 그의 팀이 찾던 것을 이미 자기들이 찾아냈음을 깨달았다. 이것이 빅뱅 이론의 근거가 될 만한 우주배경복사이다.

빅뱅과 137억 년에 걸친
우주의 팽창을 보여주는 우주 시각표

## 과학과 진보

### 지식 탐구를 계속해 보자
### - 새로운 세대의
### 과학자들과 함께

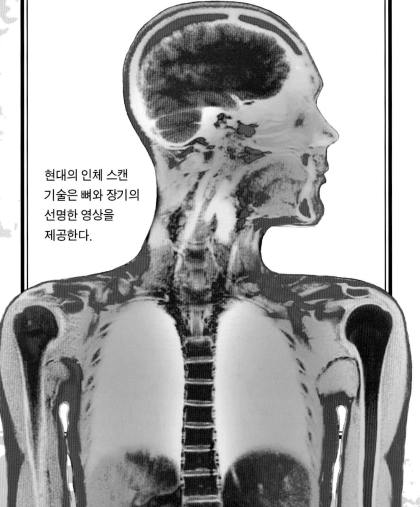

현대의 인체 스캔 기술은 뼈와 장기의 선명한 영상을 제공한다.

**과**학의 이야기는 빅뱅으로 끝나지 않는다. 과학자들은 계속해서 새로운 이론과 그 이론을 검증할 실험을 생각해 낸다. 그리고 새로운 과학적 발견들은 기술을 통해 점점 더 많은 방면에서 우리의 삶 속으로 들어온다.

많은 사람은 '과학'과 '기술'을 거의 같은 것으로 생각한다. 그러나 그렇지 않다. 과학은 관찰과 이론, 실험을 이용하여 세계가 왜 이렇게 존재하는지를 발견하는 방식이다. 기술은 발명하고 건설하고 도구를 만드는 등의 '실제적 지식'이고, 농사짓거나 광물 캐기와 같은 과정이다.

그래서 과학의 역사가 실제로는 단지 16세기로 거슬러 올라가지만 기술의 역사는 훨씬 더 멀리 약 250만 년 전에 우리의 먼 조상들이 최초로 돌로 도구를 만들었던 시기까지 거슬러 올라간다. 오랫동안 기술은 과학으로부터의 어떤 도움 없이 진보했다. 예를 들면 고대의 기술자들은 미생물 이론에 대한 이해 없이 하수도를 건설하여 공중위생을 증진시켰다. 유전학 이전에 수천 년 동안 일어났던 농장 동물의 선택 교배, 심지어 증기 기관도 과학자로부터 거의 아무런 도움 없이 발명되었다.

그러나 과학이 기술에 밀접하게 영향을 미치게 되었을 때 기술 변화의 걸음걸이는 속력을 내었다.

## 혁신과 발명

기술의 역사에서 최초로 과학이 정말 강한 영향을 준 것은 19세기 중반에 시작된 화학 산업에서였다. 화학 반응의 과학적 이해는 인공 염료, 질소가 풍부한 인공 비료와 플라스틱과 같은 합성 물질의 발명을 이끌었다. 전자기력과 전자기파의 발견은 통신에 대변혁을 일으켜 전신 체계, 전화, 라디오, 텔레비전을 탄생시켰다. 그리고 1930년대쯤, 선진국 대부분의 가정은 전자기 발전기와 전자기 변압기, 그리고 전기회로에 대한 이해를 바탕으로 한 전기를 공급받게 되었다.

질병에 대한 세균 이론은 더욱 안전한 수술, 항생물질학과 또 다른 약학으로 이어졌다. 전자의 발견과 양자 이론은 컴퓨터와 휴대전화, 그리고 인터넷의 발명을 가능하게 했다. 그리고 지질학에 있어서 여러 가지 발견은 에너지 회사들이 훨씬 더 많은 석유를 발견하고 추출하는 것을 도왔고, 그 석유는 모든 것의 연료가 되었다.

## 환경에 대한 관심

거대한 기술적 변화의 주요 결과 중의 하나는 전 세계 인구의 빠른 증가였다: 1927년에 20억

위 왼쪽 : 원숭이를 닮은 우리 조상들처럼 도구를 사용하는 침팬지
위 : 과학은 전신과 같은 절대적으로 필요한 발명을 이끌었다.
위 오른쪽 : 백신은 셀 수 없는 생명을 구했다.

이었고 2011년에 70억에 도달했다.

백신과 또 다른 약들이 수백만의 죽음을 막았다. 인공 비료와 농약은 농업 생산물을 증가시켜 늘어난 인구를 먹여 살리는 일에 대처하는 것을 가능하게 했다. 그리고 유전학에 대한 보다 큰 이해도 품종 개량가가 더 높은 수확률, 질병에 대한 더 큰 저항성, 그리고 더 짧은 성장 기간을 지닌 새 농작물을 생산하는 것을 가능하게 함으로써 똑같은 역할을 했다.

1960년대와 1970년대에 많은 사람들이 과학이 이룩한 기술의 진보와 특히 환경에 미치는 영향에 대해 질문을 던지기 시작했다. 자연에 존재하지 않는 독성 화학 물질 - 산업화 과정의 폐기물 - 은 강과 바다로 흘러들어 갔다. 거대한 구역의 숲이 베어 넘어져 농업, 집 짓기나 증가하는 인구를 위한 산업을 위해 자리를 내어주었다. 수백만 톤의 금속, 플라스틱, 그리고 많은 폐기물들이 쓰레기 매립지에 유입되어 쌓였다. 그리고 많은 종의 식물과 동물이 그들의 정상적인 서식지를 잃고 멸종해 가고 있다.

또 다른 우려는 방사성 물질을 자연환경으로 방출하는 원자력 발전소의 사고와 석유와 석탄의 연소로 거대한 양의 이산화탄소가 대기 중에

확산되는 것이다.

이것이 지구의 평균 온도를 상승시켰다는 강력한 증거들이 존재한다. '지구 온난화'는 극 지역 얼음을 녹이고 태풍과 같은 보다 잦은 기상 이변으로 인해 재앙이 될 해수면 상승을 가져올 수 있다.

과학과 기술이 이러한 문제를 유발하는 것을 도왔을 수도 있다. 그러나 과학과 기술은 또한 해결 방법을 가지고 있다. 과학자와 발명가들은 새로운 저탄소 또는 탄소가 없는 에너지원을 개발할 수 있고, 보다 에너지 효율이 높은 기술을 만들 수 있고, 유전학을 이용하여 물을 훨씬 효율적으로 사용하거나 보다 척박한 환경에서 자라는 농작물을 개발할 수 있다.

## 아직 답하지 못한 질문들

이 멋진 신기술의 세계에서 여전히 우리 주위의 세계에 대해 질문 자체를 위한 질문을 던지는 '순수한' 과학을 위한 여지가 남아 있다. 그리고 답을 얻지 못하고 남아 있는 질문들이 여

위 왼쪽 : 치솟는 인구는 한정된 자원에 대한 경쟁을 증가시킨다.
위 : 지구 온난화는 만년설을 녹여 해수면을 상승시켜 북극곰에게는 심각한 문제가 되고 있다.

전히 많다. 예를 들면 생물학자들은 지구에 생명이 시작된 때가 약 34억 년 전쯤이라는 좋은 생각을 가지고 있다.

그러나 여전히 생명이 어떻게 시작되었는지 정확히 확신하지 못한다. 그리고 천문학자들은 우주가 137억 년 전에 시작되었다는 것을 알아내었다. 그러나 왜 시작되었는지는 알지 못한다.

가장 큰 질문 중의 몇몇은 신경과 뇌에 대한 학문인 신경과학에 있다. 신경과학자들은 개별적인 뇌 세포(뉴런)와 뇌 속에서 뉴런들 사이의 상호 연결에 대해 위대한 진전을 이루었다. 그러나 어떻게 이들 연결이 뇌가 호기심을 갖고, 우리가 과학이라고 부르는 관찰, 이론, 그리고 실험이라는 과정을 통해 세계에 대한 진실을 발견하는 것을 가능하게 하는지에 대해서는 알지 못한다.

끝

# 찾아보기

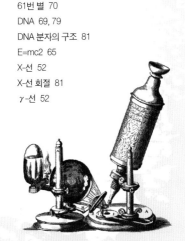

> '과학의 가장 위대한 발견들은 언제나 우주와 우주에서의 우리의 위치에 대한 믿음을 다시 생각하도록 하는 것들이었다.'
> 미국의 물리학자
> 로버트 L 파크, 1999년

# Credits and Acknowledgments

### Key
tl=top left; t=top; tc=top centre; tr=top right; cl=centre left; c=centre; cr=centre right; bl=bottom left; bc=bottom centre; bcl = bottom centre left; br=bottom right; bcr = bottom centre right; bg = background.

### Photographs
**Alamy** 22tc, 28cl, 71bc; **Berenice Abbot/ Commerce Graphics** 50bl; **Bridgeman Art Library** 16tl, 25tc; **Caltech** 15c; **Getty Images** front cover bcr, cl, back cover cr, 4-5bc, 8bc, 9c, tl, 10bl, tl, 13cr, 16tc, 18tc, 18-19tc, 21cl, 22br, 24bl, 26tl, tr, 27cr, 29tr, 31bl, t, 32tl, 36tr, 37br, 38t, 39br, 40cr, 41br, 42c, 43br, cr, 44bc, cl, 45tl, 46bc, 47bc, bl, br, cr, 48bl, 49c, 52bc, 54bl, tl, 56cl, 57tc, 58b, cr, 60bl, 61t, 62cl, tr, 63bc, 66tr, 67t, 69bl, 70c, tr, 70-71t, 72br, tc, 73bl, 74bl, br, 76bl, 77br, 78br, 81tl, 82bc, 84tc, 87tr, 91bl, t, 92tl, tr; **iStockphoto.com** front cover bc, bg, back cover tl, endpapers, 6br, c, tr, 9br, 10bl, 11bc, 13tr, 15tc, 17t, 24cl, 24-25tr, 25c, cr, 28cr, 37bl, 40cr, 44-45tc, 46cl, 49tr, 54bl, 57tr, 59bc, 60cr, tl, 62bc, 66bl, 71cl, 72bl, tc, 76cl, 79t, 81tc, 82tr, 84tl, 92-93tc; **NASA** 4-5bg, 21t, 63t; **Shutterstock** front cover tl, spine tc, back cover tr, bg, 28t, 55br, 56t, 60t, 63cl, tr, 76t, 88cr, 93br; **Smithsonian Institute** 85cl; **Science Photo Library** front cover bcl, br, cr, tc, 4tl, 19br, 20bl, 30cr, 33tl, 34bc, 35cl, t, tr, 36c, 38bl, tr, 46cl, 48c, 53br, 54, 55br, 57bc, 64-65bc, 73t, 74tr, 77tr, 79cr, 80tl, 81tr, 83cl, 84tl, 88bl, t, 89cr, 90tl, 92tc; **Science and Society Picture Library** 13bl; **Photolibrary** 4bg, 14bl, 14-15bg, tc; **Wikipedia** back cover tc, 5bg, 11br, 14c, 15cr, 30c, 35br, 50-51tc, 52tl, 67c, tl, 68-69tc, 69c, 79bc, 95br.

All repeated background images courtesy of Shutterstock.

### Cartoon illustrations
Dave Smith/The Art Agency

### Other illustrations
**Dr Mark A Garlick** 90br; **Mick Pose** Art Agency 18-19bc, 22bl, 27tr, 29 32tr, 36tl, 39tr, 46bl, 52tl, 62tl; **Wildl Ltd** 86-87bc.

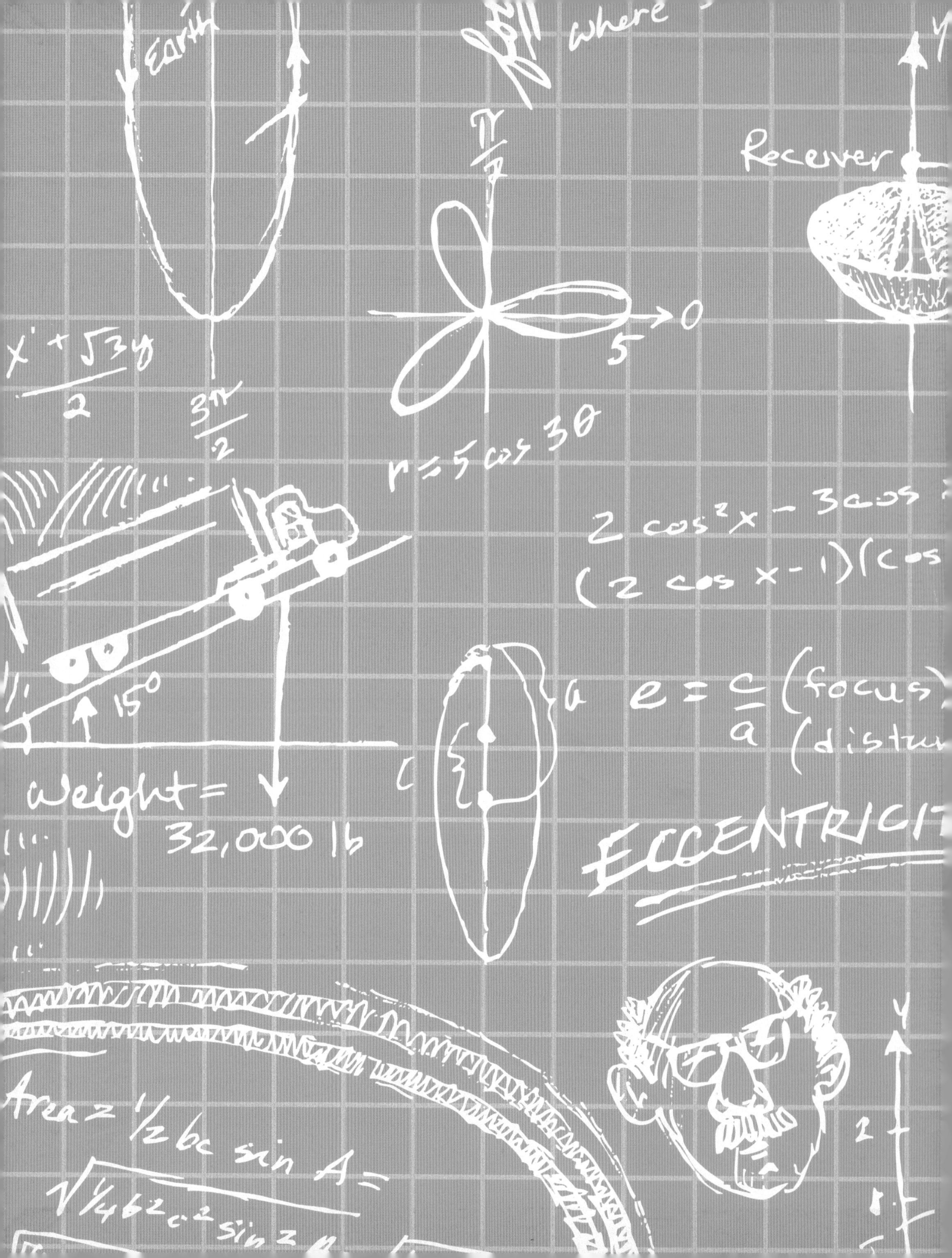

Earth

where

$\frac{\pi}{2}$

Receiver

$\frac{x + \sqrt{3}y}{2}$

$\frac{3\pi}{2}$

O

5

$r = 5\cos 3\theta$

$2\cos^2 x - 3\cos$

$(2\cos x - 1)(\cos$

$150°$

$a$

$e = \frac{c}{a}$ (focus)

$\frac{c}{a}$ (distu

Weight = 

32,000 lb

ECCENTRICIT

Area = $\frac{1}{2}bc\sin A =$

$\sqrt{1/4 b^2 c^2 \sin^2 A}$

Y

2